中等职业教育国家规划教材

U0553119

焊接结构生产

HANJIE JIEGOU SHENGCHAN

主　编　冯菁菁　王云鹏

副主编　王子瑜

参　编　陈　曦　王　军　高　昊

　　　　曹恩铭　赵志远　赵　军(企业)

第 **4** 版

机械工业出版社

CHINA MACHINE PRESS

本书是在第 3 版教材的基础上，依据中等职业教育焊接技术应用专业教学标准和"焊接结构生产"课程标准编写的。

本书共 8 章，主要内容包括焊接结构生产概述、焊接应力与变形、焊接接头的应力分布及静载强度、焊接结构工艺性分析与工艺制订、焊接结构备料及成形加工、焊接结构的装配与焊接工艺、装配-焊接工艺装备和典型焊接结构的生产工艺。

本书可作为中等职业院校焊接技术应用专业教材，也可作为有关技术人员、管理人员的岗位培训教材。为便于教学，本书配套有电子课件、教学动画及教学视频等教学资源，选择本书作为授课教材的教师可登录www.cmpedu.com 网站注册、免费下载。

图书在版编目（CIP）数据

焊接结构生产 / 冯菁菁，王云鹏主编. -- 4 版.

北京 ：机械工业出版社，2024. 12. --（中等职业教育国家规划教材）. -- ISBN 978-7-111-76818-0

Ⅰ. TG44

中国国家版本馆 CIP 数据核字第 2024PP1155 号

机械工业出版社（北京市百万庄大街 22 号　邮政编码 100037）

策划编辑：王海峰　　　　　　责任编辑：王海峰
责任校对：曹若菲　薄萌钰　　封面设计：张　静
责任印制：常天培

固安县铭成印刷有限公司印刷

2024 年 12 月第 4 版第 1 次印刷

184mm×260mm · 17 印张 · 293 千字

标准书号：ISBN 978-7-111-76818-0

定价：55.00 元

电话服务　　　　　　　　　网络服务

客服电话：010-88361066　　机 工 官 网：www.cmpbook.com
　　　　　010-88379833　　机 工 官 博：weibo.com/cmp1952
　　　　　010-68326294　　金 书 网：www.golden-book.com
封底无防伪标均为盗版　　　机工教育服务网：www.cmpedu.com

出版说明

　　为了贯彻"中共中央国务院关于深化教育改革全面推进素质教育的决定"精神，落实"面向 21 世纪教育振兴行动计划"中提出的职业教育课程改革和教材建设规划，根据"中等职业教育国家规划教材申报、立项及管理意见"（教职成〔2001〕1 号）的精神，教育部组织力量对实现中等职业教育培养目标和保证基本教学规格起保障作用的德育课程、文化基础课程、专业技术基础课程和 80 个重点建设专业主干课程的教材进行了规划和编写，从 2001 年秋季开学起，国家规划教材将陆续提供给各类中等职业学校选用。

　　国家规划教材是根据教育部颁布的德育课程、文化基础课程、专业技术基础课程和 80 个重点建设专业主干课程的教学大纲（课程教学基本要求）编写而成的，并经全国中等职业教育教材审定委员会审定通过。新教材全面贯彻素质教育思想，从社会发展对高素质劳动者和中初级专门人才需要的实际出发，注重对学生的创新精神和实践能力的培养。新教材在理论体系、组织结构和阐述方法等方面均作了一些新的尝试。新教材实行一纲多本，努力为教材选用提供比较和选择，满足不同学制、不同专业和不同办学条件的教学需要。

　　希望各地、各部门积极推广和选用国家规划教材，并在使用过程中，注意总结经验，及时提出修改意见和建议，使之不断完善和提高。

教育部职业教育与成人教育司

第4版前言

中等职业教育国家规划教材（焊接技术应用专业）系列丛书自出版以来，深受中等职业院校师生的欢迎，经过多轮的教学实践和不断修订完善，已成为焊接技术应用专业在职业教育领域的精品套系。根据《中共中央关于认真学习宣传贯彻党的二十大精神的决定》《习近平新时代中国特色社会主义思想进课程教材指南》《职业院校教材管理办法》等文件精神，编者对本书进行了修订。

修订版教材保留了原教材的基本体系和风格，主要从以下几方面进行修订。

1）贯彻落实党的二十大报告中提出的"加快建设制造强国，质量强国、航天强国、交通强国"的战略部署，在本修订版中引入相关知识，旨在激发学生们的民族自豪感和奋斗热情。

2）为进一步推进产教融合、科教融汇，本书力求体现职业教育的培养目标和教学要求，对接职业标准和岗位要求，邀请了企业一线的工程技术人员参与本书修订，使教材内容能够包含企业最前沿信息。同时，充分考虑中等职业院校学生的认知规律，设计教学内容，降低理论难度，强调实践性、应用性。

3）教材增加了与职业能力相关的新技术和新工艺，采用了现行的国家标准，增加了数字化教学资源，并以二维码链接形式呈现，学生通过扫码即可观看相关内容。修订版教材能够契合现代职业教育焊接专业教学实际，符合职业教育的特色和"'1+X'证书制度"教学的需要。

本书由渤海船舶职业学院冯菁菁任第一主编，北京电子科技职业学院王云鹏任第二主编。编写分工为：冯菁菁修订、编写第二章；渤海船舶职业学院王子瑜修订、编写第一章和第三章；渤海船舶职业学院赵志远和陈曦修订、编写第四章；渤海船舶职业学院王军和辽宁顺达机械制造（集团）有限公司赵军共同修订、编写第五章；渤海船舶职业学院高昊修订、编写第六章和第七章；渤海船舶职业学院曹恩铭修订、编写第八章。本书由冯菁菁和王云鹏统稿。本书在编写过程中得到了各院校相关领导和同事的支持和帮助，引用了相关教材、手册等文献中的内容，在此谨对上述人员和相关文献作者一并表示感谢。

由于编者水平有限，书中难免有疏漏和错误之处，恳请有关专家和广大读者批评指正。

编　者

第3版前言

中等职业教育国家规划教材（焊接专业）系列丛书自出版以来，深受中等职业教育院校师生的认可，经过多轮的教学实践和不断修订完善，已成为焊接专业在职业教育领域的精品套系。为深入贯彻落实《国家教育事业发展"十三五"规划》文件精神，确保经典教材能够切合现代职业教育焊接专业教学实际，进一步提升教材的内容质量，机械工业出版社于2017年3月在渤海船舶职业学院召开了"中等职业教育国家规划教材（焊接专业）修订研讨会"，与会者研讨了现代职业教育教学改革和教学实际对该专业教材内容的要求，并在此基础上对系列教材进行了全面修订。

修订版保留了原教材的基本体系和风格，主要从以下几方面进行了修订。

1）全书以焊接产品加工的具体过程为主线，重构了课程结构，使读者在学习过程中进一步掌握焊接结构加工的流程与工艺。

2）增加了与职业技能相关的新技术、新工艺、新设备、新材料，具有一定的先进性。

3）为了配合教学，本书除了配有相应的电子教案外，还增加了教学动画、知识点微课及教学录像等相关视频资源。

4）每章所附综合训练切合教学内容和职业教育特点，内容丰富，形式多样。

5）为贯彻党的二十大精神，加快建设国家战略人才力量，努力培养造就更多大师、战略科学家、一流科技领军人才和创新团队、青年科技人才、卓越工程师、大国工匠、高技能人才，加快建设制造强国、质量强国、航天强国、交通强国、网络强国、数字中国，本书在配套的教学资源中，融入了有关大国工匠相关内容，旨在鼓舞学生在学习及工作中培养工匠精神，具备工匠品质；设立了知识拓展模块，引入中国制造相关内容，旨在激发学生们的民族自豪感和奋斗热情。为了更好地实现校企合作，邀请了企业一线的工程技术人员参与本书的编写，使教材内容能够包含企业最前沿信息。

全书共九章，由冯菁菁、王云鹏任主编，王子瑜任副主编，全书由邓洪军教授任主审。具体分工如下：冯菁菁修订、编写第二、四、八章，王云鹏和雷兆峰（企业）共同修订、编写绪论，王子瑜修订、编写第一、七章，魏同锋、戴志勇共同修订、编写第三、五章，万荣春修订、编写第六、九章。

编写过程中参阅了有关同类教材、书籍和一些网络资源，并得到参编学校和企业的大力支持，在此一并致以深深的谢意。由于编者水平有限，书中难免存在缺点和不足之处，敬请广大读者批评指正。

编　者

第2版前言

　　本书是经全国中等职业教育教材审定委员会审定，依据教育部 2001 年颁布的重点专业主干课程教学大纲，在第 1 版教材的基础上，根据"教育部关于制定'2004—2007 年职业教育教材开发编写计划'的通知"等文件精神修订的。

　　此次修订保留了原教材的主要编写特点，即立足于基本知识、基本工艺、基本技能的传授与训练；立足于掌握操作要领和安全技术。修订中注意到以下几方面：其一，正视中职教育的培养目标和生源的特点，在突出应用性、实践性的基础上重组课程结构、更新教学内容体系，教材结构向"理论浅、内容新、应用多和学得活"的方向转变；其二，当今高新技术的迅速发展，增加了与职业能力培养相关的新技术、新工艺、新设备、新材料，具有一定的超前性和先进性；其三，课程内容紧紧围绕培养学生生产现场所要求实施的职业能力来阐述，融入国家职业技能鉴定中的理论知识点，注重实践教学，注重操作技能培养。

　　全书通俗易懂，实用性强，便于组织教学。本书是适用于三年制中等职业教育焊接专业使用的国家规划教材，同时，也可作为有关技术人员、管理人员的参考书。

　　本书由北京市机械工业学校王云鹏（绪论，第二、三、五、六、十章）、高千红（第七、八章），渤海船舶职业学院李莉（第一章）、董俊慧（第四章）、邓洪军（第九章）共同修订。

　　本书在编写过程中，得到了各参编参审单位及许多学校和工厂有关人员的大力支持和热情帮助，他们还为本书提供了资料，在此一并表示衷心感谢。

　　由于编者水平有限，编写时间仓促，书中一定存在错误和不妥之处，恳请使用本书的教师和广大读者批评指正。

编　者

第1版前言

本书是根据 2000 年 8 月国家教育部颁布的中等职业学校"焊接结构生产"课程教学大纲编写的，适于三年制焊接专业使用的国家规划教材。遵循新大纲规定的内容和学时要求，全书分为：基础模块，包括焊接结构理论知识、焊接结构零件加工工艺、焊接结构装配与焊接工艺、焊接结构生产工艺规程的编制、焊接结构生产的组织与安全技术等内容；选用模块，包括焊接车间设计、梁及压力容器焊接工艺、船体及舾装件焊接工艺；实践性教学模块，包括基本实验和实训环节。

为适应中等职业教育教学改革和发展的需要，贯彻以素质教育为基础、以能力为本位的教学指导思想，突出职业教育特色，在认真总结同类教材建设经验的基础上，本书在编写时着重考虑了以下几个方面：

1）立足于基本知识、基本工艺、基本技能的传授与训练，重点介绍焊接结构生产过程的工艺操作技术，淡化工艺设计的原理和计算等理论部分。

2）吸纳一定量的新工艺、新技术，扩展学生的知识结构；对基本加工的实质和操作方法进行阐述与指导，指出不同焊接加工方法的来龙去脉，所用设备与工具，操作要领及安全技术。

3）语言通俗易懂，简明扼要，图文并茂。

4）每章后均附有复习思考题，便于巩固和加深对教学内容的理解和掌握。

5）采用现行国家标准和工艺规范，并介绍了典型结构图例和有关工艺参数图表。

本书由北京机械工业学校王云鹏（绪论、第二、三、五、六、十章）、渤海船舶职业学院李莉（第一章）、孙庭秀（第四章）、邓洪军（第九章），河北省机电学校王现荣（第七章）、赵强（第八章）共同编写，王云鹏任主编。由董芳审阅。

本书由全国中等职业教育教材审定委员会审定通过，崔占全教授任责任主审，由徐瑞教授、回书利副教授审稿。他们对提高书稿质量起到了重要作用，在此表示衷心感谢。

本书编写过程中得到广西机电职业技术学院戴建树以及一些学校和工厂的有

关人员的帮助与指导，他们还为本书提供了资料，在此一并表示衷心感谢。

由于编者水平有限，编写时间仓促，书中一定存在错误和不妥之处，恳请使用本书的教师和广大读者批评指正。

编　者

二维码索引

（续）

序号	名　　称	图　形	页码	序号	名　　称	图　形	页码
15	铝合金的化学除锈		121	24	划线定位装配		163
16	椭圆形封头的划线		122	25	定位元件定位装配		164
17	接管的放样		128	26	圆筒节的装配		207
18	氧乙炔切割		136	27	多向回转胎架的应用		210
19	机械压弯成形		142	28	摇臂式焊接		218
20	卷板		146	29	箱型主梁的装配		233
21	平行度的测量		156	30	筒体与封头的装配		243
22	间接法测量相对垂直度		158	31	双层底分段的装焊工艺		254
23	同轴度的测量		159				

目　录

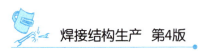

绪　　论

 [学习目标]

通过对绪论的学习，了解焊接结构的特点，熟悉本课程的性质和主要内容，明确学习本课程应该达到的能力目标及建议的学习方法等。

焊接作为一种金属连接的工艺方法，已经在机械制造业中得到广泛应用，许多传统的铸、锻制品，由于毛坯加工量大，零部件受力不理想等原因逐步被焊接产品或铸-焊、锻-焊结构产品所代替。焊接结构型式各异，繁简程度不一，类型很多，几乎渗透到国民经济的各个领域，目前，各国的焊接结构用钢量均已占其钢材消费量的 40%~60%。

一、焊接结构的特点

焊接结构是将各种经过轧制的金属材料及铸、锻等坯料采用焊接方法制成能承受一定载荷的金属结构。

1. 焊接结构的优点

焊接结构具有其他结构无法比拟的优点，主要体现在以下几个方面：

（1）焊接接头的强度高　由于铆接接头需要在母材上钻孔，因而削弱了接头的工作截面，使其接头强度低于母材。而焊接接头的强度、刚度一般可达到与母材相等或相近，能够承受母材所能承受的各种载荷。

（2）焊接结构设计的灵活性大　通过焊接，可以方便地实现多种不同形状和不同厚度材料的连接，甚至可以将不同种类的材料连接起来，也可以通过与其他工艺方法联合使用，使焊接结构的材料分布更合理，材料应用更恰当。

（3）焊接接头的密封性好　焊缝处的气密性和水密性是其他连接方法所无法比拟的，特别在高温、高压容器结构上，只有焊接才是最理想的连接形式。

（4）焊接结构适用于大型或重型、单件小批量生产的简单产品结构的制造，如船体、桁架和球形容器等。在制造时，一般先将几何尺寸大、形状复杂的结构进行分解，对分解后的零件或部件分别加工，然后通过总体装配焊接形成一个整体结构。

（5）焊前准备工作简单　焊接结构的变更与改型快，而且容易。

2. 焊接结构的不足

焊接结构的缺点和不足主要表现在以下几个方面：

1）在焊接时难免产生各类焊接缺陷，如果修复不当或缺陷漏检，则会产生过大的应力集中，从而降低整个焊接结构的承载能力。

2）由于焊接结构多是整体的大刚度结构，裂纹一旦扩展，就难以被制止，因此焊接结构对于脆性断裂、疲劳、应力腐蚀和蠕变破坏都比较敏感。

3）焊接结构中存在残余应力和变形，这不仅影响焊接结构的外形尺寸和外观质量，同时给焊后的继续加工带来很多麻烦，甚至直接影响焊接结构强度。

4）焊接会改变材料的部分性能，使焊接接头附近变成不均匀体，即具有几何不均匀性、力学不均匀性、化学成分不均匀性和金属组织不均匀性。

5）对于一些高强度的材料，因其焊接性较差，更容易产生焊接裂纹等缺陷。

根据以上这些特点可以看出，若要获得优质的焊接结构，必须做到合理地设计结构、正确地选择材料和选择合适的焊接设备，制订正确的焊接工艺和进行必要的质量检验。

二、本书所讲授的内容

"焊接结构生产"是焊接技术应用专业的核心专业课程之一。根据中等职业教育的培养目标和学生的知识水平，本书根据课程的教学需要，编入了焊接结构和生产工艺过程的基本理论知识，并以焊接结构、接头形式、焊接应力与变形为基础，全面介绍了焊接结构零件的加工工艺、装配与焊接工艺及其所用工艺装备、典型产品加工工艺过程及焊接结构生产安全技术等方面的问题。

三、学习本课程应达到的能力目标

1. 总体目标

使焊接技术应用专业的学生通过本课程的学习，具备制定简单焊接结构生产工艺的能力，具有分析问题和解决问题的能力，逐步培养辩证思维能力，加强职业道德观念。

2. 素养目标

1）培养沟通能力及团队合作精神。

2）培养分析问题、解决问题的能力。

3）培养勇于创新、敬业乐业的工作作风。

4）培养质量意识、安全意识和环境保护意识。

5）培养职业道德能力。

3. 能力目标

1）能够读懂焊缝符号在焊接图中表示的含义。

2）能够运用焊接接头强度的基本理论对给定接头进行静载强度计算。

3）能够正确进行焊接残余应力的防止与消除。

4）能够正确进行焊接变形的控制与矫正。

5）能够正确进行焊接工艺评定。

6）能够选择正确的矫正设备对变形钢材进行矫正。

7）能够根据结构图样所给信息进行典型结构的划线、放样与下料操作。

8）能够正确使用设备对给定工件进行成形操作。

9）能够运用装配的相关知识对简单结构进行装配操作。

10）能够正确识读焊接工艺卡实施焊接操作。

四、学习方法与教学建议

　　"焊接结构生产"是一门实践性较强的专业课程，要注意理论联系实际，善于综合运用基础课及专业课程多方面的知识去认识和分析焊接结构的每一个实际问题。教学过程中，可运用混合教学的教学模式，利用网络教学平台，线上线下学习相结合，精心进行教学设计，加强对学生实践意识和应用能力的培养。本课程还应结合专业知识的教学，加强与焊接结构有关的新知识、新技术、新工艺和新设备的介绍，以开阔学生的视野和开发学生的创新思维。

第一章

焊接结构生产概述

 [学习目标]

通过本章的学习，了解常用的焊接结构基本构件的概念、分类及结构特点。掌握焊接结构生产的工艺流程及安全管理知识，使学生对焊接结构有一些概括性的认识和了解。

第一节　焊接结构的基本构件

一、焊接梁、柱、桁架结构

1. 焊接梁

梁是在一个或两个主平面内承受弯矩作用的构件。焊接梁是由钢板或型钢焊接成形的结构件，通常多应用于载荷和跨度都较大的场合，如吊车梁、墙架梁、工作平台梁、楼盖梁等。其主要截面形式有工字形和箱形，一般称为工字梁与箱形梁。从受力的角度考虑，工字梁结构主要用于只在一个主平面内承受弯矩作用的场合；而箱形梁适用于在两个主平面内承受弯矩及附加轴向力作用的场合。因为箱形梁的截面是封闭的，具有较好的抗弯扭能力和抗腐蚀能力，所以一般重型的、大跨度的桥式起重机桥架大多采用箱形梁结构。

梁的组成方法很多，如利用钢板拼焊而成的板焊结构梁；利用轧制型材（包括工字钢、槽钢或角钢等）焊接而成的型钢结构梁；还可以利用钢板和型钢焊接成组合梁。图 1-1 列举了几种梁的组成方法。

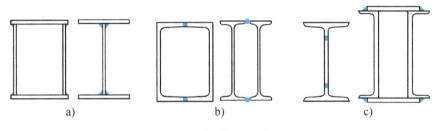

图 1-1 梁的组成方法

a）板焊结构梁 b）型钢结构梁 c）钢板-型钢组合梁

焊接梁在工作中其载荷分布是不均匀的，对于大载荷、大跨度的重型梁，为节省材料，减轻自重，其截面沿着梁长度方向也进行了相应的改变而形成变截面梁。变截面梁是通过改变翼缘板的宽度、厚度或腹板的高度、截面积来实现的。图 1-2 所示为几种变截面焊接梁的外形。

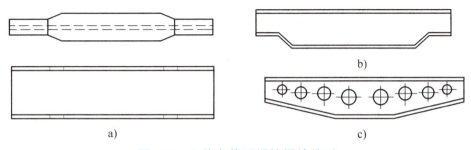

图 1-2 几种变截面焊接梁的外形

a）改变翼缘板宽度 b）改变腹板高度 c）改变腹板截面积和高度

2. 焊接柱

柱是主要承受压力并将受压载荷传递至基础的构件。焊接柱是由钢板或型钢经焊接成形的受压构件。焊接柱按受力特点不同可分为轴心受压柱和偏心受压柱。轴心受压柱，如工作平台支承柱、塔架、格架结构中的压杆等；偏心受压柱是在受压的同时又承受纵向弯曲的作用，如厂房和高层建筑的框架柱、门式起重机的门架支柱等。

图 1-3 所示为几种常用焊接柱的截面形式。尽管焊接柱的截面组成方式有多种，但从柱的结构型式上区分可归纳为两类：一类为实腹式柱（如图 1-3a、b、c 所示），此种形式的构造和制作都比较简便；另一类为格构式柱（如图 1-3d、e 所示），此种形式的截面展开、制作稍费工时，但可节省钢材。

图 1-4 所示为焊接实腹式柱与格构式柱的结构型式，其中，图 1-4a 所示是主体为板焊工字梁形式的实腹式柱结构；图 1-4b 所示是主体由两根槽钢通过缀条连接焊合而成的格构式柱。焊接柱主要由柱头、柱身（主体）、柱脚三部分构成。

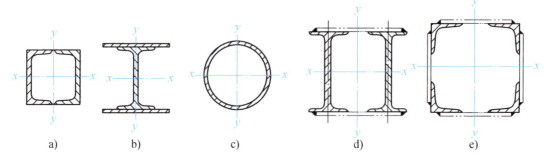

图 1-3　几种常用焊接柱的截面形式

3. 焊接桁架

焊接桁架是指由直杆在节点处通过焊接相互连接组成的承受横向弯曲的格构式结构。桁架结构的组成是由许多长短不一、形状各异的杆件，通过直接连接或借助辅助元件（如连接板）焊接而成节点的构造。

桁架的受力状态较为复杂，主要与桁架承受载荷的作用点及其作用方向有着密切的关系。当载荷作用在桁架的各节点位置时，各杆件基本上只承受轴向心力拉杆或压杆的作用；当载荷作用在节点之间位置时，这些杆件除承受轴向心力的作用外，还会承受横向弯曲的作用。桁架的组成及受力状态如图1-5 所示。图 1-5a 所示属于节点承载状态；图1-5b 所示属于节点间承载状态，图 1-5c、d、e 所示为其他桁架结构的组成方式。

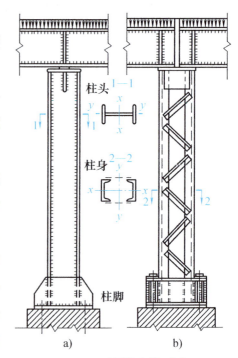

图 1-4　柱的结构型式

a）实腹式柱　b）格构式柱

a)　　　　　　　b)　　　　　　　c)

d)　　　　　　　e)

图 1-5　桁架的组成及受力状态

桁架结构具有材料利用率高、重量轻、节省钢材、施工周期短及安装方便等优点，尤其是在载荷不大而跨度很大的结构上优势更为明显。因此，在主要承受横向载荷的梁类结构（如桥梁等）、机器的骨架、起重机臂架以及各种支承塔架上应用非常广泛。图 1-6 中列举了桁架结构在工程上应用示例。图 1-6a 所示是龙门起重机臂架；图 1-6b 所示是拱式桥梁桁架；图 1-6c 所示是悬挂高压电缆的塔式桁架；图 1-6d 所示是大跨度悬吊梁组合桁架。

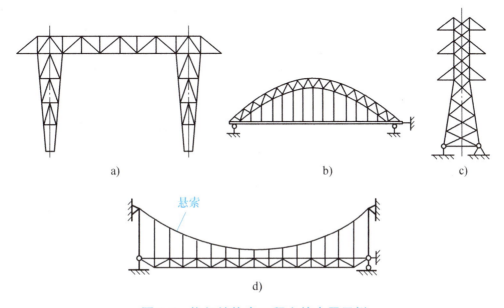

图 1-6　桁架结构在工程上的应用示例

二、焊接容器结构

焊接容器是由板材经成形加工，并焊接成能够承受内外压力的封闭型结构。容器结构（包括锅炉、压力容器和管道）是各工业部门必不可少的生产装备，近年来我国有关部门对容器的设计、制造、安装、检验及使用管理等诸方面制定了一系列详尽的规程和标准。

1. 焊接容器的分类

焊接容器种类很多，分类方法有十几种。

（1）按用途　分为反应容器、换热容器、分离容器和储存容器四类，详见表 1-1。

（2）按设计压力　分为低压容器、中压容器、高压容器和超高压容器。

（3）按设计温度　分为低温容器、中温容器和高温容器。

表 1-1　焊接容器按用途分类

类别序号	类别名称	主要用途	容器名称
1	反应容器	完成介质的物理化学反应	反应器、反应釜、分解锅、分解塔、聚合釜、合成塔、变换炉等
2	换热容器	完成介质热量交换	管壳式余热炉、热交换器、冷却器、冷凝器、蒸汽发生器、蒸发器等
3	分离容器	平衡介质流体压力和气体的净化分离	分离器、过滤器、集油器、洗涤器、除氧器、干燥塔、吸收塔、铜洗塔等
4	储存容器	盛装生产用原料气体、液体、液化气体等	液化石油气储罐、铁路罐车、汽车槽车、各种气瓶

（4）按容器壳体结构　分为整体式和组合式两类。

（5）按制造容器材料　分为钢制容器、非铁金属容器和复合材料容器等。

除上述分类方法外，还可按压力容器的壁厚、结构型式、工作介质、装配方法及空间位置等分类。焊接容器分类虽然多种，然而，就容器基本组成而言，大多是由各种壳体（圆柱形、圆锥形和球形）与各种封头（椭圆形、球形和圆锥形）以及管接头、法兰和支座等基本部件构成。

2. 容器的工作条件

焊接容器工作条件主要包括载荷性质、环境温度与工作介质三项内容。

（1）载荷性质　大多数容器主要承受静载荷的作用，包括内压、外压、温差应力及自重等。除静载荷外，还要承受疲劳载荷的作用，包括水压试验、调试和检修等载荷的波动变化。对于一些特殊要求的结构，还应考虑风载荷、雪载荷、地震等引起的载荷作用。

（2）环境温度　指焊接容器处于高温、常温或低温的工作温度条件。

（3）工作介质　包括容器内部的储存介质和外部的环境介质，如空气、水蒸气等大气介质；海水和各种成分的水质；硫化物和氮化物；石油气、天然气及各种酸、碱及其水溶液等。对于核电站和宇航技术领域中应用的焊接容器，还要接受核辐射及宇航射线的工作环境。由此可见，工作介质是焊接容器正确选择材料的重要依据。

3. 典型焊接容器简介

图 1-7 是容积为 $2200m^3$ 的液化丙烯（C_3H_6）存储球罐结构，球罐内径 $\phi16.3m$，球壳板厚 $36\sim38mm$。整个球本体由 66 块球板焊接而成，焊缝总长度达

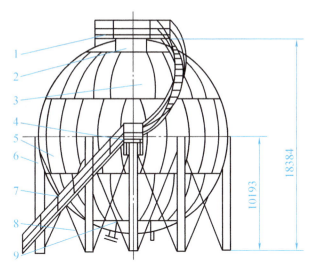

图 1-7　2200m³ 液化丙烯存储球罐结构简图

1—顶部平台　2—上极顶　3—上温带　4—中间平台
5—赤道带　6—柱脚　7—扶梯　8—拉杆　9—下极顶

544m，球罐重 245.38t。球罐安装时处于悬空位置，依靠 10 根直径为 φ610mm 的钢管作为立柱支承。球形容器与圆筒形容器相比具有一系列优点，如球形容器几何形状中心对称，因此受力均匀；在相同壁厚条件下球形容器承载能力最高；在相同容积条件下球形容器的表面积最小。另外，球罐占地面积小，基础工程简单，建造费用较低。球罐结构不足之处表现在下料、冲压、拼装尺寸要求严格，矫形比较困难，且加工费用高。

三、机械零部件焊接结构

机器焊接结构主要包括机床大件（床身、立柱、横梁等）、压力机机身、减速器箱体以及大型机器零件等。这类结构通常是在交变载荷或多次重复载荷状态下工作的，因此这类焊接结构应要求具有良好的动载性能和刚度，保证机械加工后的尺寸精度和使用稳定性等。

1. 切削机床的焊接床身

床身以往是采用铸造结构，为提高机床工作性能，减轻结构重量，缩短生产周期和降低成本，逐渐改用焊接结构。尤其单件小批生产的大型和重型机床，采用焊接结构的经济效果非常明显。图 1-8 所示为卧式车床的焊接床身，主要由箱形床腿、"匚"形肋、导轨、纵梁及液盘等零部件组成。图 1-9c 所示的断面结构型式是通过纵梁 4 上的斜板 5 实现的，它把整个方箱断面分割成具有两个三边

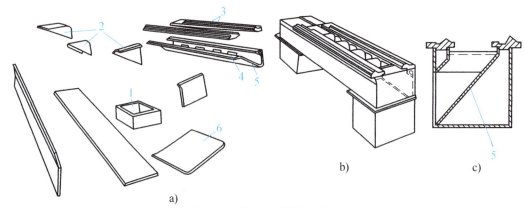

b)

c)

图 1-8   卧式车床焊接床身

a）床身钢部件分解图   b）焊接床身结构   c）床身断面结构型式

1—箱形床腿   2—"┌┐"形肋   3—导轨   4—纵梁   5—斜板   6—液盘

形的断面，下方三边形全封闭，断面具有较大的抗弯抗扭性能，此种结构多用于批量生产的场合。

对于一般焊接床身而言，工作时能保证承受各种力的作用而不产生过大变形，除强度和刚度的要求外，还要保证工件的尺寸精度。

2. 压力机机身

图 1-9 所示为三梁四柱式液压机的示意图，它由四根圆立柱通过内外螺母将上、下横梁牢固地连接起来，构成一个刚性的空间框架，活动横梁以立柱导向，上、下移动进行工作。这些横梁和立柱均采用焊接的结构型式。焊接机身主要承受动载荷的作用，因此生产过程中应尽可能降低关键部位的应力集中，以免产生疲劳破坏。焊接完成后还要经过热处理消除残余应力。

3. 减速器箱体焊接结构

减速器箱体包括齿轮箱、蜗轮箱等。减速器是安装各传动轴的基体，为克服各传动轴传递转矩时产生的反作用力，保证正常工作时各传动轴的相对位置不变，要求箱体具有足够的刚度。采用钢制箱体比铸铁箱体轻很多，且能保证足够的强度和刚度，特别适用于起重机、运输机械等经常运动的结构。

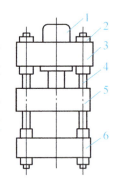

图 1-9   三梁四柱式液压机的示意图

1—液压缸   2—螺母
3—上横梁   4—立柱
5—活动横梁
6—下横梁

减速器箱体焊接结构一般制成剖分式结构，即把整个箱体沿某一剖面划分成两半，分别加工制造，然后在剖分面处通过法兰和螺栓把两半箱连接成整体。剖分式箱体由上盖、下底、壁板、轴承座、法兰和肋板等组成。图 1-10 所示为单壁板剖分式减速器箱体的下箱体结构。剖分面上的三个轴承座连成一个整体（在一块厚钢板上用精密气割切成），轴承座下侧用垂直肋板加强，并与壁板焊接成整体。

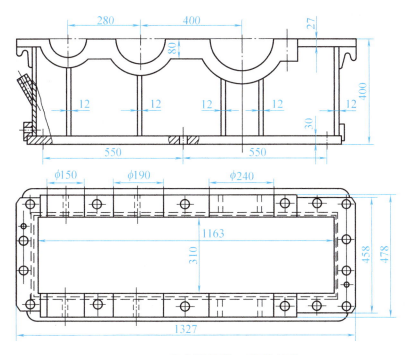

图 1-10　减速器箱体下箱体结构

壁板焊接时必须采用连续焊缝以防止漏油，焊后还应进行渗漏检查。设计制造箱体时，要考虑到下箱体主要承受传动轴的作用力并与地基固定，因此必须采用较厚的钢板（特别是底板和法兰）。箱体选用的材料多为低碳钢，为保证传动稳定性，焊接成形后须热处理消除残余应力。

4. 轮的焊接结构

机器传动机构中有许多旋转体结构，如齿轮、飞轮、带轮、滑轮等统称为轮。轮可分为工作部分和基体部分，工作部分是直接与外界接触并实现轮的功能的部分，如齿轮中的轮齿、叶轮中的叶片等；基体部分对工作部分起支承和传递动力的作用，由轮缘、辐板和轮毂组成。

焊接轮的主要优点：一是焊接钢部件的强度和刚度能够满足工作条件的要求；二是根据轮类部件在工作时的受力状态，可采用异种钢焊接的方法。图 1-11 所示为三辐板圆柱焊接齿轮结构，轮缘、轮毂与辐板之间采用开坡口对接接头连接，轮缘和轮毂加工出凸台，用以避开应力集中区；辐板开出较大的减轻孔，便于施焊辐板里侧焊缝。为防止裂纹，焊前须预热，焊后须退火消除焊接残余应力。

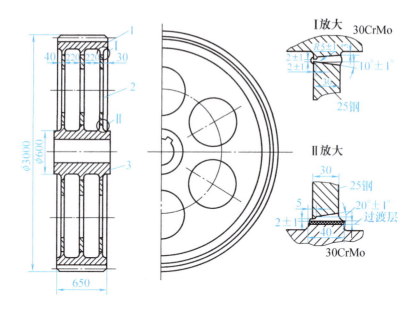

图 1-11 三辐板圆柱焊接齿轮结构

1—轮缘 2—辐板 3—轮毂

焊接齿轮材料的选择应注意以下几点：

1）轮齿直接在轮缘上制出，此种结构的轮缘材料必须能满足轮缘与辐板焊接工艺性能的要求。

2）轮缘与轮齿分开制作再焊接，此种结构轮缘材料可选用焊接性好的 Q235A 钢或 Q355（16Mn）钢等结构钢制作。

3）轮毂是轮体与轴相连的部分，转动力矩通过轮毂与轴的过盈配合或键进行传递，因此所用材料的强度较轮辐略高，可选用 35 钢或 45 钢制作。

四、薄板焊接结构

薄板焊接结构如驾驶室、客车车体、各种机器外罩、控制箱、电气开关箱等，在机器制造、汽车制造、农业机械等领域应用广泛。这类结构多属于受力较小或不受载荷作用的壳体。

集装箱是薄板焊接结构的一种典型产品，它是一个六面方形的箱体结构，主要由两个侧壁、一个端壁、一个箱顶、一个箱底和一对箱门所组成，如图 1-12 所示。集装箱选用的板材很薄，一般板厚为 1.2～2mm。集装箱生产中，为了满足工作条件的需求，保证必要的强度、水密性和限制焊接变形量等而采取了一系列措施。

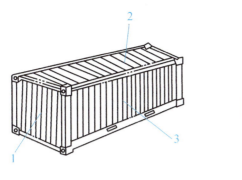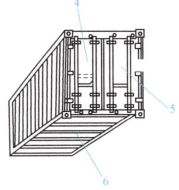

图 1-12　集装箱箱体的组成

1—端壁　2—箱顶　3—侧壁　4—左箱门　5—右箱门　6—箱底

1）采用数控剪切机进行板材冲压成形和下料剪切，控制变形，提高装配质量。

2）各工位配置专用工装夹具和专用设备，进行专业化流水线生产。

3）对部件进行抛丸清理除锈和涂装，防止锈蚀和延长使用寿命。

4）大量采用细丝 CO_2 气体保护焊，以减小变形和提高焊接生产率等。

第二节　焊接结构生产工艺过程

焊接结构生产的工艺过程，根据产品的技术要求、形状和尺寸的差异而有所不同，并且企业中现有的设备条件和生产技术管理水平对产品工艺过程的制订也有一定的影响。但从总体上分析，按照工艺过程中各工序的内容以及相互之间的关系，都有着大致相同的工艺流程，如图 1-13 所示。

一、生产组织与准备

生产组织与准备工作对生产率和产品质量的提高起着基本保证作用，它所包括的内容有以下几方面：

1）从技术准备方面入手，包括审查和熟悉产品施工图样、了解产品技术要求、进行认真的工艺分析、确定生产方案和技术措施、选择合理的工艺方法、进行必要的工艺试验和工艺评定、编制工艺文件及质量保证文件等。除上述内容外，还需要外购或自行设计、制造符合工艺要求的焊接工艺装备。

2）从物质准备方面入手，主要内容有组织原材料、焊接材料及其他辅助材料的供应，生产设备的调配、安置和检修，工夹量具及其他生产用品的购置、制造和维修等。

二、备料加工

备料加工是指钢材的焊前加工过程，即对制造焊接结构的钢材按照工艺要求进行的一系列加工。备料加工一般包括以下内容：

（1）原材料准备　将钢材（板材、型材或管材）进行验收-分类储存-发放。发放钢材应严格按生产计划提出的材料规格与需要量执行。

（2）材料预处理　其目的是为基本元件的加工提供合格的原材料，包括钢材的矫平、矫直、除锈、表面防护处理、预落料等工序。现代先进的材料预处理流水线中配有抛丸除锈、酸洗、磷化、喷涂底漆和烘干等成套设备。

（3）基本元件加工　主要包括

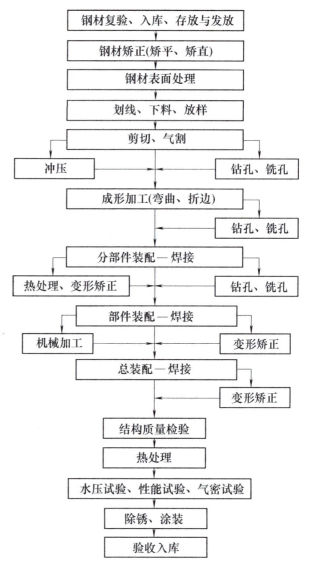

图 1-13　典型焊接结构生产工艺流程示意图

放样、划线、钢材剪切或气割、坡口加工、钢材的弯曲、拉伸、压制成形等工序。

目前，随着国内外焊接结构制造的自动化水平的提高，以数控切割为主体的备料工艺流程，将逐步取代手工的划线、放样及切割等工艺。

三、装配与焊接

装配与焊接在焊接结构的生产过程中是两个既独立又密切相关的加工工序。将基本元件按照产品图样的要求进行组装的工序称为装配；将装配好的结构通过焊接而形成牢固整体的工序称为焊接。对于复杂的结构往往要经过交叉几次装配、几次焊接工序才能完成。装配—焊接工艺是焊接结构生产过程中的核心。

四、焊接结构质量检验

焊接结构的质量保证工作是贯穿于设计、选材、制造全过程中的一个系统工程。焊接结构质量包括整体结构质量和焊缝质量。整体结构质量是指结构的几何尺寸和性能；焊缝质量的高低关系到结构的强度和安全运行问题，必须严格进行检验。

焊接结构生产过程中，在各道加工工序中间都应采用不同方法进行不同内容的检验，无论工序检验还是成品检验都是对生产的有效监督，也是保证产品质量的重要手段。

第三节　焊接安全生产

在焊接结构生产中，焊工和冷作工需要与各种电机电器、机械设备、压力容器和易燃易爆气体接触，焊接过程中又会产生有毒气体、有害粉尘、弧光辐射、高频电磁场、噪声等，有可能发生触电、爆炸、烧伤、中毒和机械损伤等事故，以及尘肺、慢性中毒等职业病。这些都严重地危害着焊工及其他人员的生命安全与健康，同时也会给国家财产带来损失。因此，使焊接人员广泛深入了解安全技术，加强各项安全防护的措施和组织措施，加强焊接技术人员的责任感，防止事故和灾害的发生，是十分必要的。

一、焊接生产中的有害因素及防护

按焊接对劳动卫生与环境危害因素的性质可分为物理因素（光辐射、噪声、高频电磁场、热辐射、射线等）和化学因素（粉尘、有害气体）。

1. 光辐射

（1）光辐射的危害　光辐射是所有明弧焊共同具有的有害因素。焊条电弧焊的弧温为 $5000 \sim 6000\,^{\circ}\!C$，因而可产生较强的光辐射。

光辐射作用到人体被体内组织吸收，引起组织作用，致使人体组织发生急性或慢性的损伤。焊接过程中的光辐射由紫外线、红外线和可见光等组成。

1）紫外线。适量的紫外线对人体健康是有益的，但焊接电弧产生的强烈紫外线的过度照射，会造成皮肤和眼睛的伤害。皮肤受强烈紫外线作用时，可引起皮炎、红斑等，并会形成不褪的色素沉积。紫外线的过度照射还会引起眼睛的急性角膜炎，称为电光性眼炎，会损害眼睛的结膜与角膜。

2）红外线与可见光。红外线通过人体组织的热作用，长波红外线被皮肤表面吸收产生热的感觉；短波红外线可被组织吸收，使血液和海绵组织损伤。眼部长期接触红外线可能造成红外线白内障，视力减退。

（2）光辐射的防护　光辐射防护主要是保护焊工的眼睛和皮肤不受伤害。为了防护电弧对眼睛的伤害，焊工在焊接时必须使用镶有特制滤光镜片的面罩，身着有隔热和屏蔽作用的工作服，以保护人体免受热辐射、光辐射和飞溅物等伤害。主要防护措施有防护目镜、防护工作服、电焊手套、工作鞋等，有条件的车间还可以采用不反光而又能吸收光线的材料作室内墙壁的饰面，进行车间弧光防护。

2. 高频电磁场

（1）高频电磁场的危害　氩弧焊和等离子弧焊都广泛采用高频振荡器来激发引弧。焊接中高频振荡器的峰值电压可达3500V，高频电压在数十微秒内即衰减完毕。这种脉冲高频电，通过焊钳电缆线与人体空间的电容耦合，即有脉冲电流通过人体。人体在高频电磁场的作用下能吸收一定的辐射能量，产生生物学效应，长期接触强度较大的高频电磁场，会引起头晕、头痛、疲劳乏力、心悸、胸闷及神经衰弱及植物神经功能紊乱。

（2）高频电磁场的防护　为防止高频振荡器电磁辐射对作业人员的不良影响与危害，可采取如下措施：

1）使工件良好接地，它能降低高频电流，焊把对地的高频电位可大幅度地降低，从而减少高频感应的有害影响。

2）在不影响使用情况下，降低振荡器频率。脉冲频率越高，通过空间与绝缘体的能力越强，对人体影响越大，因此，降低振荡器频率能使情况有所改善。

3）屏蔽把线及地线。因高频电是通过空间和手把的电容耦合到人，加装屏蔽能使高频电场局限在屏蔽内，可大大减少对人体的影响。其方法为采用细铜线编织软线，套在电缆胶管外面。

4）降低作业现场的温度、湿度。温度越高，肌体所表现的症状越突出；湿度越大，越不利人体散热。所以，加强通风降温，控制作业场所的温度和湿度，可以减少高频电磁场对肌体的影响。

3. 噪声

（1）噪声的危害　噪声存在于一切焊接工艺中，其中尤以旋转直流电弧焊、

16

等离子焰切割、炭弧气刨、等离子弧喷涂噪声强度为高。等离子焰切割和喷涂工艺，都要求有一定的冲击力，等离子流的喷射速度可达 10000m/min，噪声强度较高，大多在 100dB 以上，喷涂作业可达 123dB，且噪声的频率均在 1000Hz 以上。

噪声对人体的影响是多方面的。首先是对听觉器官的影响，强烈噪声可以引起听觉障碍、噪声性外伤、耳聋等症状。此外，噪声对中枢神经系统和血管系统也有不良作用，引起血压升高，心跳过速，还会使人厌倦、烦躁等。

（2）噪声的控制　焊接车间的噪声不得超过 90dB（A），控制噪声的方法有以下几种：

1）采用低噪声工艺及设备。如采用热切割代替机械剪切；采用电弧气刨、热切割坡口代替铲坡口；采用整流器、逆变电源代替旋转直流电焊机；采用先进工艺提高零件下料精度，以减少组装时锤击等。

2）采取隔声措施。对分散布置的噪声设备，宜采用隔声罩；对集中布置的高噪声设备，宜采用隔声间；对难以采用隔声罩或隔声间的某些高噪声设备，宜在声源附近或受声处设置隔声屏障。

3）采取吸声降噪措施，降低室内混响声。

4）操作者佩戴隔音耳罩或隔音耳塞等个人防护器。

4. 射线

（1）射线的危害　焊接工艺过程的放射性危害，主要来自氩弧焊与等离子弧焊时的钍放射性污染和电子束焊接时的 X 射线。氩弧焊和等离子弧焊使用的钍钨电极中的钍，是天然放射性物质，钍蒸发产生放射性气溶胶、钍射气。同时，钍及其蜕变产物产生 α、β、γ 射线。当人体受到的射线辐射剂量不超过允许值时，不会对人休产生危害。但是，人体长期受到超过容许剂量的照射，则可造成中枢神经系统、造血器官和消化系统的疾病。电子束焊接时，产生低能 X 射线，对人体只会造成外照射，危害程度较小，主要引起眼睛晶状体和皮肤损伤。如长期接受较高能量的 X 射线照射，则可出现神经衰弱和白细胞下降等症状。

（2）射线的防护　射线的防护主要采取以下措施：

1）综合性防护。如用薄金属板制成密封罩，在其内部完成施焊；将有毒气体、烟尘及放射性气溶胶等最大限度地控制在一定空间，通过排气、净化装置排到室外。

2）钍钨极储存点应固定在地下室封闭箱内，对钍钨极磨尖作业点应安装除尘设备。

3）对真空电子束焊等放射性强的作业点，应采取屏蔽防护。

5. 粉尘及有害气体

（1）粉尘及有害气体的危害 焊接电弧的高温将使金属剧烈蒸发，焊条和母材在焊接时也会产生各种金属气体和烟雾，它们在空气中冷凝并氧化成粉尘；电弧产生的辐射作用于空气中的氧和氮，将产生臭氧和氮的氧化物等有害气体。

粉尘与有害气体的多少与焊接参数、焊接材料的种类有关。例如，用碱性焊条焊接时产生的有害气体都比酸性焊条高；气体保护焊时，保护气体在电弧高温作用下能离解出对人体有影响的气体。焊接粉尘和有害气体如果超过一定浓度，而工人又在这些条件下长期工作，又没有良好的保护条件，焊工就容易遭受尘肺病、锰中毒、焊工金属热等职业病的伤害，影响焊工的身心健康。

（2）粉尘及有害气体的防护 减少粉尘及有害气体措施有以下几点：

1）首先设法降低焊接材料的发尘量和烟尘毒性，如低氢型焊条内萤石和水玻璃是强烈的发尘致毒物质，就应尽可能采用低尘、低毒低氢型焊条，如"J506"低尘焊条。

2）从工艺上着手，提高焊接机械化和自动化程度。

3）加强通风，采用换气装置把新鲜空气输送至厂房或工作场地，并及时把有害物质和被污染的空气排出。通风可自然通风也可机械通风，可全部通风也可局部通风。目前，采用较多的是局部机械通风。

二、焊接生产中的安全用电

1. 焊接用电特点

用于焊接的电源需要满足一定的技术要求。不同的焊接方法，对其电源的电压、电流等工艺性能的要求各有不同。例如，电弧焊在引弧时需要供给较高的引弧电压；而当电弧稳定燃烧时，电压急剧下降到电弧电压。目前我国生产的电弧焊机，一般直流电焊机的空载电压为 55～90V，交流电焊机的空载电压为 60～80V。过高的空载电压虽然有利于电弧稳定燃烧，但对焊工操作的安全不利，所以焊条电弧焊所用电焊机的空载电压应控制在 90V 以下。一般电焊机的电弧电压为 25～40V，其焊接电流为 30～450A。等离子弧焊要求电源的空载电压一般在 150～400V，工作电压在 80V 以上。氩弧焊机采用高频振荡器，用以电离气体介质，帮助引弧，从而使电源的空载电压只有 65V。CO_2 气体保护焊电源的空载电压为 17～75V，工作电压为 15～42V，焊接电流为 200～500A。

2. 安全操作要求

1）焊接前应先检查焊机设备和工具是否安全。如焊机外壳的接地、焊机各接线点接触是否良好，焊接电缆的绝缘有无损坏等。

2）改变焊机机头、更换焊件需要改接二次回线、转移工作地点、更换熔体以及焊机发生故障需要检修时，应切断电源开关。

3）推拉闸门开关时，必须戴皮手套。同时，焊工的头部需偏斜些，以防电弧火花灼伤脸部。

4）更换焊条时，焊工应戴绝缘手套。对于空载电压和工作电压较高的焊接操作（如等离子弧焊）以及在潮湿工作场地操作时，还应在工作台附近地面铺上橡胶垫。特别是在夏天，由于身体出汗后衣服潮湿，人员勿靠在焊件、工作台上，避免触电。

5）在容积小的舱室如油槽、电气柜等设备，管道和锅炉等金属结构，以及其他狭小工作场所焊接时，触电的危险性最大，必须采取专门的防护措施。可采用橡胶垫或其他绝缘衬垫，并戴皮手套、穿胶底鞋等，以保障焊工身体与焊件绝缘；不允许采用简易无绝缘壳的电焊钳。

6）电焊设备的安装、修理和检查需由电工进行，焊工不得自己拆修设备。

3. 触电急救

人触电后都会发生神经麻痹、呼吸中断、心脏停止跳动等症状，外表呈现昏迷不醒的状态，但不应认为触电者已经死亡，可能是假死，要立即抢救。触电者的生命能否得救，在绝大多数情况下决定于能否迅速脱离电源和救护是否得当。拖延时间、动作迟缓和救护方法不当都会造成触电者死亡。

（1）解脱电源　触电事故发生后，电流不断通过人体。为了使触电者能得到及时和正确的处理，以减少电流长时间对人体的刺激并能立即得到医务抢救，迅速解脱电源是抢救触电者的首要因素。

（2）救治方法　触电者脱离电源后，要用人工呼吸和心脏按压的方法对其进行急救。人工呼吸是在触电者呼吸停止后采用的急救方法，心脏按压法是触电者心脏停止跳动后的急救方法。一旦呼吸和心脏跳动都停止了，应同时进行人工呼吸和心脏按压法，如果现场仅一个人抢救，两种方法应交替进行，每吹气 2～3 次，按压 10～15 次。

三、焊接安全操作

焊工所接触的工作不是一成不变的，例如，焊接产品、现场修补、抢修工作、检修工作等都是焊工的工作范畴。由于工作性质的特殊性，这就对焊工操作、应变能力等都提出了更高的要求。为避免事故的发生，焊工必须认真遵循安全的作业流程。

1. 焊前准备工作

焊工在检修前必须做好焊接设备的准备工作，分析设备的结构及产品性能，掌握操作基本要求和安全注意事项，保证焊接设备的正常使用。例如，施工现场的电源网路、电压波动较大时，就必须架设专用线路，以保证供电质量，否则将影响焊缝质量。对于重要焊接部位，除了书面文件了解外，还要到现场做好交接工作，以免出现差错。在特殊结构焊接中，还要细心听取现场指挥人员介绍情况，随时保持联系，了解现场变化情况和其他工种相互协作等事项。

焊接环境中还会出现一些变化图素。焊工要时刻防范。例如，需要焊接设备处于禁火区内时，必须按禁火区的焊接管理规定申请动火证。操作人员接动火证上规定的部位、时间动火，不准许超越规定的范围和时间，发现问题，应立即停止操作，及时处理。

2. 焊前检查和安全防护

（1）检查污染物 在运输、储存过程中：设备及焊件都易受到化学物质或油脂污染，根据污染不同，选择不同清洗方式清洗后再焊接。如果是易燃、易爆或有毒的污染物，则应彻底清洗，并经有关部门检查，填写动火证后，才能焊接。

焊前检查方法通常为"一嗅、二看、三测爆"，如图 1-14 所示。

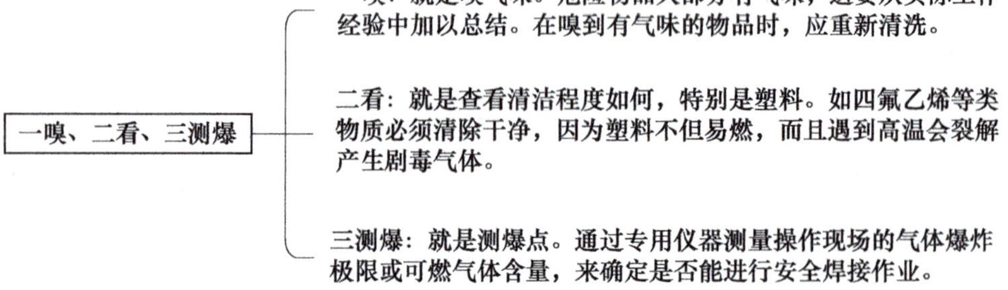

```
                  ┌─ 一嗅：就是嗅气味。危险物品大部分有气味，这要从实际工作
                  │       经验中加以总结。在嗅到有气味的物品时，应重新清洗。
                  │
                  │   二看：就是查看清洁程度如何，特别是塑料。如四氟乙烯等类
一嗅、二看、三测爆 ─┤       物质必须清除干净，因为塑料不但易燃，而且遇到高温会裂解
                  │       产生剧毒气体。
                  │
                  └─ 三测爆：就是测爆点。通过专用仪器测量操作现场的气体爆炸
                          极限或可燃气体含量，来确定是否能进行安全焊接作业。
```

图 1-14 焊前检查方法

（2）检查爆炸物

1）设备内部污染了爆炸物，外面检查不到，这种情况即使数量不多，但遇到焊接火焰而发生的爆炸威力也不小，因此进行清洗工作时对无把握的设备，不要随便进行焊接操作。

2）严禁设备在带压时焊接。带压设备焊接前一定要先解除压力（卸压），并且必须打开所有孔盖。未卸压的设备严禁操作，常压而密闭的设备也不许进行焊接。

3）混合气体或粉尘，如易燃气体（如乙炔、煤气等）和空气的混合物，或可燃粉尘（如铝尘、锌尘）和空气的混合物，在一定的混合比例内会发生爆炸，焊接操作之前必须认真检查和清除这些混合气体或粉尘。

上述三种情况爆炸都具有瞬间性，且有极强的破坏力。

（3）一般检修的安全措施　一般检修的安全措施如图 1-15 所示。

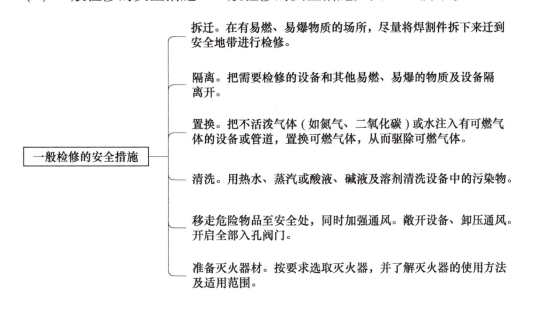

图 1-15　一般检修的安全措施

3. 焊接安全作业事项

（1）高空作业注意事项

1）高空作业时，焊工应系安全带，并将安全带紧固牢靠，地面应有人监护或两人轮换作业。

2）患有高血压、心脏病、不稳定性肺结核者等疾病或酒后人员，不得从事高空作业。

3）高空作业时，焊条及辅助工具等应放在工具袋里。更换焊条时，应把热焊条头放在固定的筒或盒子内，不要乱扔，以防砸伤或烫伤他人。同时，焊接时要注意火星的飞溅。

4）乙炔发生器、氧气瓶、弧焊机等焊接设备、器具尽量留在地面上。

5）雨天、雪天、雾天或刮大风（六级以上）时，禁止高空作业。

6）焊接结束后必须认真检查现场，确认无火源后才能离开，以免引起火灾。

（2）设备内部焊接注意事项

1）进入设备前要先了解设备结构及注意事项。

2）内部作业时，焊工要做好绝缘防护工作，做好人体防护，减少烟尘等对人体的侵害，同时防止触电发生。

3）该设备和外界联系的所有部位，都要进行隔离和切断，如电源和附带在设备上的水管、压力管等均要切断并挂牌警示。对有污染物的设备应按前述要求进行清洗后才能进行内部焊接。

4）进入容器内部焊接要派专人进行监护。监护人员不能擅离现场，并与容器内部人员保持联系，如图1-16所示。

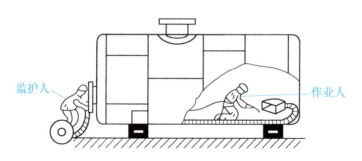

监护人　　作业人

图1-16　容器内焊接的监护措施

5）设备内部要通风良好，驱除设备内有害气体同时，及时向内部输送空气。严禁使用氧气作为通风气源，以防止燃烧或爆炸。

6）氧乙炔焊、割炬等设备要随人进出，不得放在容器内。

（3）焊接、修补燃料容器的注意事项　这一类焊补产品因其内部含有极少量的残液，在焊接过程中也会蒸发产生有害物质，与空气混合后能引起爆炸，因此焊前必须彻底清洗，清洗方法如下。

一般燃烧容器，可以用1L水加100g苛性钠或磷酸钠水溶液仔细清洗，时间视容器的大小而定，一般为15~30min，洗后再用水蒸气吹刷一遍方可施焊。

当洗刷装有不溶于碱液的矿物油的容器时，可采用1L水加2~3g水玻璃或肥皂。

汽油容器的清洗可采用水蒸气吹刷，吹刷时间视容器大小而定，一般为2~24h。

如清洗不易进行时，可采用下述方法：把容器装满水，以减少可能产生爆炸混合气体的空间，但必须使容器上部的口敞开，以防止容器内部压力增高。

4. 焊后安全检查事项

1）仔细检查焊缝是否按要求完成，发现漏焊等现象及时补焊。

2）由于焊后炽热处遇到易燃物质能引起燃烧或爆炸，所以加热的结构必须待冷却后，才能进料或进气。

3）焊后对整个作业及邻近地带进行检查。凡是经过加热、烘烤、发生烟雾或蒸气的低凹处，应彻底检查，确保安全。

4）为了防止意外事故的发生，焊接作业结束后，要彻底清理现场。

四、焊接生产中的安全管理

焊接生产发生的工伤事故很多，一般来说，都是与安全技术措施不完善或安全管理措施不健全有关。实践证明，如果没有安全管理措施和安全技术措施，工伤事故肯定会发生。安全管理措施与安全技术措施之间是互相联系、互相配合的，它们是做好焊接安全工作的两个方面，缺一不可。

1. 焊工安全教育和考试

焊工安全教育是搞好焊接安全生产工作的一项重要内容，它的意义和作用是使广大焊工掌握安全技术和科学知识，提高安全操作技术水平，遵守安全操作规程，避免工伤事故。

焊工刚入厂时，要接受厂、车间和生产小组的三级安全教育。同时安全教育要坚持经常化和宣传多样化，例如，举办焊工安全培训班、报告会、图片展览、设置安全标志、进行广播等多种形式，这都是行之有效的方法。按照安全规则，焊工必须经过安全技术培训，并经过考试合格后才允许上岗独立操作。

2. 建立焊接安全责任制

安全责任制是把"管生产的必须管安全"的原则从制度上固定下来，这是一项重要的安全制度。通过建立焊接安全责任制，对企业中各级领导、职能部门和有关工程技术人员等在焊接安全工作中应负的责任明确地加以确定。

工程技术人员对焊接安全也负有责任，因为关于焊接安全的问题，需要仔细分析生产过程和焊接工艺、设备、工具及操作中的不安全因素，因此，从某种意义上讲，焊接安全问题也是生产技术问题。工程技术人员在从事产品设计、焊接方法的选择、确定施工方案、焊接工艺规程的制订、工夹具的选用和设计等时，必须同时考虑安全技术要求，并应当有相应的安全措施。

总之，企业各级领导、职能部门和工程技术人员，必须保证与焊接有关的现行劳动保护法令中所规定的安全技术标准和要求得到认真贯彻执行。

3. 焊接安全操作规程

焊接安全操作规程，是人们在长期从事焊接操作实践中，为克服各种不安全因素和消除工伤事故的科学经验总结。经多次分析研究事故的原因表明，焊接设备和工具的管理不善以及操作者失误是产生事故的两个主要原因。因此，建立和执行必要的安全操作规程，是保障焊工安全健康和促进安全生产的一项重要措施。

应当根据不同的焊接工艺来建立各类安全操作规程，如气焊与气割的安全操作规程、焊条电弧焊安全操作规程及气体保护焊安全操作规程等。还应当按照企业的专业特点和作业环境，制订相应的安全操作规程，如水下焊接与切割安全操作规程、化工生产或铁路的焊接安全操作规程等。

4. 焊接工作场地的组织

在焊接与气割工作地点上的设备、工具和材料等应排列整齐，不得乱堆乱放，并要保持必要的通道，便于一旦发生事故时的消防、撤离和医务人员的抢救。安全规则中规定，车辆通道的宽度不小于3m，人行通道不小于1.5m。操作现场的所有气焊胶管、焊接电缆线等，不得相互缠绕。用完的气瓶应及时移出工作场地，不得随便横躺竖放。焊工作业面积不应小于4m²，地面应基本干燥。工作地点应有良好的天然采光或局部照明，须保证工作面照度50~100lx。

在焊割操作点周围直径10m的范围内严禁堆放各类可燃易爆物品，诸如木材、油脂、棉丝、保温材料和化工原料等。如果不能清除时，应采取可靠的安全措施。若操作现场附近有隔热保温等可燃材料的设备和工程结构时，必须预先采取隔绝火星的安全措施，防止在其中隐藏火种，酿成火灾。

室内作业应通风良好，不使可燃易爆气体滞留。

室外作业时，操作现场的地面与登高作业以及与起重设备的吊运工作之间，应密切配合，秩序井然而不得杂乱无章。在地沟、坑道、检查井、管段或半封闭地段等处作业时，应先用仪器判明其中有无爆炸和中毒的危险。用仪器进行检查分析时，禁止用火柴、燃着的纸张以及在不安全的地方进行检查。对施焊现场附近敞开的孔洞和地沟，应用石棉板盖严，防止焊接时火花进入其内。

综 合 训 练

一、填空题

1. 按照梁的组成方法，梁可以分为_____、_____和_____。

2. 变截面梁是通过改变_____、_____或_____、_____来实现的。

3. 按焊接柱的受力特点不同，可分为_____和_____，按柱的结构型式不同，可分为_____和_____。

4. 焊接柱主要由_____、_____和_____三部分组成。

5. 焊接桁架是指由_____在节点处通过焊接相互连接组成的承受_____的格构式结构。

6. 压力容器按用途分有_____、_____、_____和_____四类。

7. 压力容器按设计压力分可分为_____、_____、_____和_____。

8. 机械焊接结构通常是在_____或_____状态下工作的，因此这类焊接结构要求具有良好的_____和_____。

9. 将基本元件按照产品图样的要求进行组装的工序称为_____；将_____好的结构通过_____而形成牢固整体的工序称为_____。

10. 焊接结构质量包括_____和_____。_____是指结构的_____和_____。

二、简答题

1. 简述梁、柱、桁架结构的受力特点。

2. 容器结构的基本概念是什么？并说明其基本组成。

3. 请列举出几种梁、柱、桁架结构的形式，并分析其工作环境。

4. 所谓焊接容器的工作条件包括哪些内容？

5. 简述焊接结构生产的主要工艺过程。

焊接应力与变形

[学习目标]

通过本章的学习，让学生在了解应力与变形基础知识，掌握应力与变形产生的原因、控制应力与变形的措施以及消除应力与变形的方法的基础上，能够正确完成残余应力的控制与消除、焊接变形的预防与矫正等具体任务。

第一节　焊接应力与变形的产生

一、焊接应力与变形的基本知识

1. 应力

存在于物体内部的、受外力作用或其他因素引起物体内部之间相互作用的力，称为内力。物体单位截面积上的内力称为应力。根据引起内力的原因不同，可将应力分为工作应力和内应力。工作应力是由外力作用于物体而引起的应力；内应力是由物体的化学成分、金相组织及温度等因素变化，造成物体内部的不均匀性变形而引起的应力。内应力存在于许多工程结构中，如铆接结构、铸造结构、焊接结构等。内应力的显著特点是，在物体内部内应力是自成平衡的，形成一个平衡力系。

2. 变形

物体在外力或温度等因素的作用下，其形状和尺寸发生变化，这种变化称为物体的变形。当使物体产生变形的外力或其他因素去除后变形也随之消失，物体可恢复原状，这样的变形称为弹性变形。当外力或其他因素去除后变形仍然存在，物体不能恢复原状，这样的变形称为塑性变形。物体的变形还可以按约束条件分为自由变形和非自由变形。物体在变形过程中不受阻碍，即为自由变形，反之为非自由变形。

3. 焊接应力与焊接变形

焊接应力是在焊接过程中及焊接过程结束后，存在于焊件中的内应力。由焊接引起的焊件尺寸的改变称为焊接变形。

二、焊接应力与变形产生的原因

影响焊接应力与变形的因素很多，其中最根本的原因是焊件受热不均匀，其次是由于焊缝金属的收缩、金相组织的变化及焊件的刚性不同所致。另外，焊缝在焊接结构中的位置、装配焊接顺序、焊接方法、焊接电流及焊接方向等对焊接应力与变形也有一定的影响。下面重点介绍几个主要因素。

1. 焊件的不均匀受热

焊件的焊接是一个局部的加热过程，焊件上的温度分布极不均匀，为了便于了解不均匀受热时应力与变形的产生，下面对不同条件下的应力与变形进行讨论。

（1）长板条中心加热（类似于堆焊）引起的应力与变形　如图 2-1a 所示的长度为 L_0、厚度为 δ 的长板条，其材料为低碳钢，在其中间沿长度方向上进行加热，为简化讨论，将板条上的温度分为两种，中间为高温区，其温度均匀一致；两边为低温区，其温度也均匀一致。

加热时，如果板条的高温区与低温区是可分离的，高温区将伸长，低温区不变，如图 2-1b 所示。但实际上板条是一个整体，所以板条将整体伸长，此时高温区内产生较大的压缩塑性变形和压缩弹性变形，如图 2-1c 所示。

冷却时，由于压缩塑性变形不可恢复，所以，如果高温区与低温区是可分离的，高温区应缩短，低温区应恢复原长，如图 2-1d 所示。因为板条是一个整体，所以板条将整体缩短，这就是板条的残余变形，如图 2-1e 所示。同时在板条内部也产生了残余应力，中间高温区为拉应力，两侧低温区为压应力。

（2）长板条一侧加热（相当于板边堆焊）引起的应力与变形　图 2-2a 所示的材质均匀的钢板，在其上边缘快速加热。假设钢板由许多互不相连的窄条组成，则各窄条在加热时将按温度高低而伸长，如图 2-2b 所示。但实际上，板条是一整体，各板条之间是互相牵连、互相影响的，上一部分金属因受下一部分金属的阻

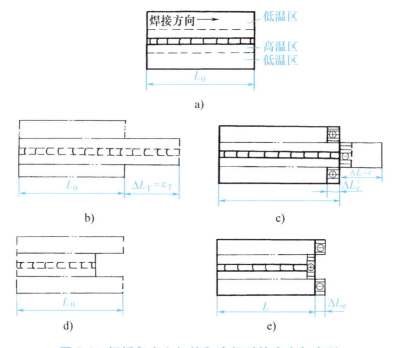

图 2-1 钢板条中心加热和冷却时的应力与变形

a）原始状态 b）、c）加热过程 d）、e）冷却以后

碍作用而不能自由伸长，因此产生了压缩塑性变形。由于钢板上的温度分布是自上而下逐渐降低的，因此，钢板产生了向下的弯曲变形，如图 2-2c 所示。

钢板冷却时，各板条的收缩应如图 2-2d 所示。因为钢板是一个整体，上一部分金属要受到下一部分的阻碍而不能自由收缩，所以钢板产生了与加热时相反的残余弯曲变形，如图 2-2e 所示。同时在钢板内产生了图 2-2e 所示的残余应力，即钢板中部为压应力，钢板两侧为拉应力。

由上述分析可知，对构件进行不均匀加热，在加热过程中，只要温度高于材料屈服强度的温度，冷却后，构件必然有残余应力和残余变形。

2. 焊缝金属的收缩

焊缝金属冷却时，当它由液态转为固态时，其体积要收缩。由于焊缝金属与母材是紧密联系的，因此，焊缝金属并不能自由收缩。这将引起整个焊件的变形，同时在焊缝中引起残余应力。另外，一条焊缝是逐步形成的，焊缝中先结晶的部分要阻止后结晶部分的收缩，由此也会产生焊接应力与变形。

3. 金属组织的变化

钢在加热及冷却过程中发生相变，可得到不同的组织，这些组织的比体积也不一样，由此也会造成焊接应力与变形。

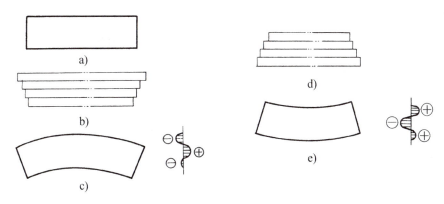

图 2-2　钢板边缘一侧加热和冷却时的应力与变形

a）原始状态　b）假设各板条的伸长　c）加热后的变形及应力

d）假设各板条的收缩　e）冷却以后的变形及应力

4. 焊件的刚性和拘束

焊件的刚性和拘束对焊接应力和变形也有较大的影响。刚性是指焊件抵抗变形的能力；而拘束是焊件周围物体对焊件变形的约束。刚性是焊件本身的性能，它与焊件材质、焊件截面形状和尺寸等有关；而拘束是一种外部条件。焊件自身的刚性及受周围的拘束程度越大，焊接变形越小，焊接应力越大；反之，焊件自身的刚性及受周围的拘束程度越小，则焊接变形越大，而焊接应力越小。

第二节　焊接残余应力

一、焊接残余应力的分类

1. 按产生应力的原因分

（1）热应力　它是在焊接过程中，焊件内部温度有差异引起的应力，故又称温差应力。它随着温差消失而消失。热应力是引起热裂纹的力学原因之一。

（2）相变应力　它是在焊接过程中局部金属发生相变，其比体积增大或减小而引起的应力。

（3）塑变应力　它是指金属局部发生拉伸或压缩塑性变形后所引起的内应力。对金属进行剪切、弯曲、切削、冲压、锻造等冷、热加工时，常产生这种内应力。焊接过程中，在近缝高温区的金属热胀和冷缩受阻时，便产生这种塑性变形，从而引起焊接的内应力。

2. 按应力存在的时间分

（1）焊接瞬时应力　它是指在焊接过程中某一瞬时的焊接应力，它随时间而变化。它和焊接热应力没有本质区别，当温差也随时间而变化时，热应力也是瞬时应力。

（2）焊接残余应力　它是焊接结束后残留在焊件内的应力，残余应力对焊接结构的强度、耐蚀性和尺寸稳定性等使用性能有影响。

二、焊接残余应力的分布

在厚度不大（小于 20mm）的焊接结构中，残余应力基本是纵、横双向的，厚度方向的残余应力很小，可以忽略。只有在大厚度的焊接结构中，厚度方向的残余应力才有较高的值。因此，这里将重点讨论纵向应力和横向应力的分布情况。

1. 纵向残余应力 σ_x 的分布

作用方向平行于焊缝轴线的残余应力称为纵向残余应力。在焊接结构中，焊缝及其附近区域的纵向残余应力为拉应力，一般可达到材料的屈服强度，随着离焊缝距离的增加，拉应力急剧下降并转为压应力。宽度相等的两板对接时，其纵向残余应力在焊件横截面上的分布情况如图 2-3 所示。

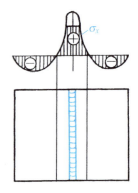

图 2-3　对接接头 σ_x 在焊缝横截面上的分布

2. 横向残余应力 σ_y 的分布

作用方向垂直于焊缝轴线的残余应力称为横向残余应力。横向残余应力 σ_y 的产生原因比较复杂，我们将其分成两个部分加以讨论：一部分是由焊缝及其附近塑性变形区的纵向收缩引起的横向应力，用 σ_y' 表示；另一部分是由焊缝及塑性变形区横向收缩的不均匀性所引起的横向应力，用 σ_y'' 表示。

（1）焊缝及其附近塑性变形区的纵向收缩引起的横向应力 σ_y'　图 2-4a 所示是由两块平板条对接而成的焊件，如果假想沿焊缝中心将焊件一分为二，即两块板条都相当于板边堆焊，将出现如图 2-4b 所示的弯曲变形，要使两板条恢复到原来位置，必须在焊缝中部加上横向拉应力，在焊缝两端加上横向压应力。由此可以推断，焊缝及其附近塑性变形区的纵向收缩引起的横向应力如图 2-4c 所示，其两端为压应力，中间为拉应力。

（2）横向收缩引起的横向应力 σ_y''　结构上一条焊缝不可能同时完成，总有先

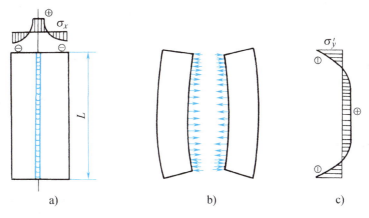

图 2-4 纵向收缩引起的横向应力 σ_y' 的分布

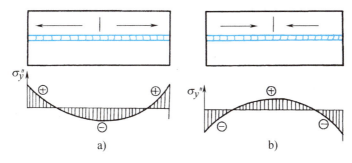

图 2-5 不同焊接方向时 σ_y'' 的分布

焊和后焊之分，先焊的部分先冷却，后焊的部分后冷却。先冷却的部分又限制后冷却部分的横向收缩，就引起了 σ_y''。σ_y'' 的分布与焊接方向、分段方法及焊接顺序等有关。图 2-5 所示为不同焊接方向时 σ_y'' 的分布。如果将一条焊缝分两段焊接，当从中间向两端焊时，中间部分先焊先收缩，两端部分后焊后收缩，则两端部分的横向收缩受到中间部分的限制，因此 σ_y'' 的分布是中间部分为压应力，两端部分为拉应力，如图 2-5a 所示；相反，如果从两端向中间部分焊接时，中间部分为拉应力，两端部分为压应力，如图 2-5b 所示。

总之，横向应力的两个组成部分 σ_y'、σ_y'' 同时存在，焊件中的横向应力 σ_y 是由 σ_y'、σ_y'' 合成的，但它的大小要受屈服强度的限制。

三、焊接残余应力对焊接结构的影响

1. 对焊接结构强度的影响

没有严重应力集中的焊接结构，只要材料具有一定的塑性变形能力，焊接内应力并不影响结构的静载强度。但是，当材料处在脆性状态时，则拉伸内应力和外载引起的拉应力叠加，有可能使局部区域的应力首先达到断裂强度，导致结构早期破坏。因此，焊接残余应力的存在将明显降低脆性材料结构的静载强度。

2. 对焊件加工尺寸精度的影响

焊件中的内应力在机械加工时，因一部分金属从焊件上被切除而破坏了它原来的平衡状态，于是内应力重新分布以达到新的平衡，同时产生了变形，于是加工精度受到影响。如图 2-6 所示为

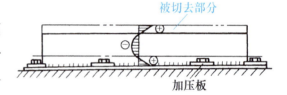

被切去部分

加压板

图 2-6　机械加工引起内应力释放和变形

在 T 形焊件上加工一平面时的情况，当切削加工结束后松开加压板，焊件会产生上挠变形，加工精度受到影响。为了保证加工精度，应对焊件先进行消除应力处理，再进行机械加工。也可采用多次分步加工的办法来释放焊件中的残余应力和变形。

3. 对受压杆件稳定性的影响

焊接工字梁或焊接箱形梁时，腹板的中心部位存在较大的压应力，这种压应力的存在往往会导致高大梁结构的局部或整体的失稳，产生波浪变形。

焊接残余应力除了对上述的结构强度、加工尺寸精度以及对结构稳定性的影响外，还对结构的刚度、疲劳强度及应力腐蚀开裂有不同程度的影响。因此，为了保证焊接结构具有良好的使用性能，必须设法在焊接过程中减小焊接残余应力；有些重要的结构，焊后还必须采取措施消除焊接残余应力。

四、控制焊接残余应力的措施

减小焊接残余应力，即在焊接结构制造过程中，采取一些适当的措施以减小焊接残余应力。一般来说，可以从设计和工艺两方面着手：在设计焊接结构时，在不影响结构使用性能的前提下，应尽量考虑采用能减小和改善焊接应力的设计方案；在制造过程中还要采取一些必要的工艺措施，以使焊接应力减小到最低程度。

1. 设计措施

1）尽量减少结构上焊缝的数量和焊缝尺寸。多一条焊缝就多一处内应力源；过大的焊缝尺寸，使焊接时受热区加大，残余应力与残余变形量增大。

2）避免焊缝过分集中，焊缝间应保持足够的距离。焊缝过分集中不仅使应力分布更不均匀，而且可能出现双向或三向复杂的应力状态。压力容器设计规范在这方面要求严格，图 2-7 所示为其中一例。

3）采用刚性较小的接头形式。对于厚度大、刚度大的焊件，在不影响结构强度的前提下，可在焊缝附近进行局部加工，以此降低焊件局部刚度，达到减小焊接残余应力的目的，如图 2-8 所示。

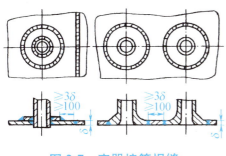

图 2-7 容器接管焊缝

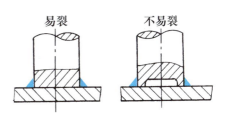

图 2-8 减小接头刚性措施

2. 工艺措施

1）采用合理的装配焊接顺序和方向。所谓合理的装配焊接顺序就是能使每条焊缝尽可能自由收缩的焊接顺序。具体应注意以下几点：

① 在一个平面上的焊缝，焊接时，应保证焊缝的纵向和横向收缩均能比较自由。如图 2-9 所示的拼板焊缝，合理的焊接顺序应是按图中 1~10 的顺序施焊，即先焊相互错开的短焊缝，后焊直通长焊缝。

② 收缩量最大的焊缝应先焊。因为先焊的焊缝收缩时受阻较小，因而残余应力就比较小。如图 2-10 所示的带盖板的双工字梁结构，应先焊盖板上的对接焊缝 1，后焊盖板与工字梁之间的角焊缝 2，原因是对接焊缝的收缩量比角焊缝的收缩量大。

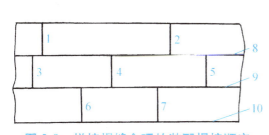

图 2-9 拼接焊缝合理的装配焊接顺序

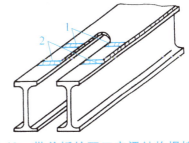

图 2-10 带盖板的双工字梁结构焊接顺序

③ 工作时受力最大的焊缝应先焊。如图 2-11 所示的大型工字梁，应先焊受力最大的翼板对接焊缝 1，再焊腹板对接焊缝 2，最后焊预先留出来的一段角焊缝 3。

④ 平面交叉焊缝焊接时，在焊缝的交叉点易产生较大的焊接应力。如图 2-12 所示为

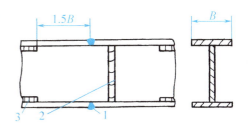

图 2-11 对接工字梁的焊接顺序

几种 T 形接头焊缝和十字接头焊缝的焊接顺序，应采用图 2-12a、b、c 所示的焊接顺序，才能避免在焊缝的相交点产生裂纹及夹渣等缺陷。图 2-12d 所示为不合理的焊接顺序。

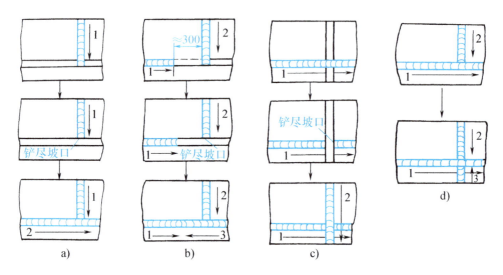

图 2-12　平面交叉焊缝的焊接顺序

⑤ 图 2-13 所示为对接焊缝与角焊缝交叉的结构。对接焊缝 1 的横向收缩量大，必须先焊，后焊角焊缝 2。反之，如果先焊角焊缝 2，则焊接对接缝 1 时，其横向收缩不自由，极易产生裂纹。

2) 预热法。预热法是在施焊前，预先将焊件局部或整体加热到 150~650℃。对于焊接或焊补那些淬硬倾向较大材料的焊件，以及刚性较大或脆性材料焊件时，常常采用预热法。

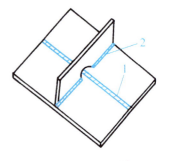

图 2-13　对接焊缝与角焊缝交叉的结构

3) 冷焊法。冷焊法是通过减少焊件受热来减小焊接部位与结构上其他部位间的温度差。具体做法有：尽量采用小的热输入施焊，选用小直径焊条，小电流、快速焊及多层多道焊。另外，应用冷焊法时，环境温度应尽可能高。

4) 降低焊缝的拘束度。平板上镶板的封闭焊缝焊接时拘束度大，焊后焊缝纵向和横向拉应力都较高，极易产生裂纹。为了降低残余应力，应设法减小该封闭焊缝的拘束度。图 2-14 所示为焊前对镶板的边缘适当翻边，做出角反变形，焊接时翻边处拘束度减小。若镶板收缩余量预留得合适，焊后残余应力可减小，且镶板与平板平齐。

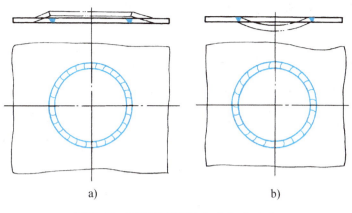

图 2-14　降低局部刚度减小内应力

a）平板少量翻边　b）镶块压凹

5）加热"减应区"法。焊接时加热那些阻碍焊接区自由伸缩的部位（称"减应区"），使之与焊接区同时膨胀和同时收缩，起到减小焊接应力的作用，此法称为加热减应区法。图 2-15 所示为此法的减应原理，图中框架中心已断裂，需要修复。若直接焊接断口处，焊缝横向收缩受阻，在焊缝中受到相当大的横

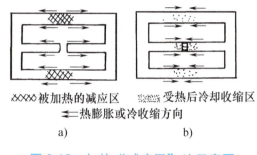

图 2-15　加热"减应区"法示意图

a）加热过程　b）冷却过程

向应力。若焊前在两侧构件的减应区处同时加热，两侧受热膨胀，使中心断口间隙增大。此时对断口处进行焊接，焊后两侧也停止加热。于是焊缝和两侧加热区同时冷却收缩，互不阻碍，结果减小了焊接应力。

五、减小焊接残余应力的方法

虽然在结构设计时考虑了残余应力的问题，在工艺上也采取了一定的措施来防止或减小焊接残余应力，但由于焊接应力的复杂性，结构焊接完以后仍然可能存在较大的残余应力。另外，有些结构在装配过程中还可能产生新的残余应力，这些焊接残余应力及装配应力都会影响结构的使用性能。焊后是否需要消除残余应力，通常由设计部门根据钢材的性能、板厚、结构的制造及使用条件等多种因素综合考虑后决定。常用的消除或减小残余应力的方法如下：

1. 热处理法

热处理法是利用材料在高温下屈服强度下降和蠕变现象来达到松弛焊接残余

应力的目的，同时热处理还可改善焊接接头的性能。生产中常用的热处理法有整体热处理和局部热处理两种。

（1）整体热处理　它是将整个构件缓慢加热到一定的温度（低碳钢为650℃），并在该温度下保温一定的时间（一般按每mm板厚保温2~4min，但总时间不少于30min），然后空冷或随炉冷却。整体热处理消除残余应力的效果取决于加热温度、保温时间、加热和冷却速度、加热方法和加热范围。一般可消除60%~90%的残余应力，在生产中应用比较广泛。

（2）局部热处理　对于某些不允许或不可能进行整体热处理的焊接结构，可采用局部热处理。局部热处理就是对构件焊缝周围的局部应力很大的区域及其周围，缓慢加热到一定温度后保温，然后缓慢冷却。其消除应力的效果不如整体热处理，它只能降低残余应力峰值，不能完全消除残余应力。对于一些大型筒形容器的组装环缝和一些重要管道等，常采用局部热处理来降低结构的残余应力。

2. 机械拉伸法

机械拉伸法是通过不同方式在构件上施加一定的拉伸应力，使焊缝及其附近产生拉伸塑性变形，与焊接时在焊缝及其附近所产生的压缩塑性变形相互抵消一部分，以达到松弛残余应力的目的。实践证明，拉伸载荷加得越高，压缩塑性变形量就抵消得越多，残余应力消除得越彻底。在压力容器制造的最后阶段，通常要进行水压试验，其目的之一也是利用加载来消除部分残余应力。

3. 温差拉伸法

温差拉伸法的基本原理与机械拉伸法相同，其不同点是机械拉伸法采用外力进行拉伸，而温差拉伸法是采用局部加热形成的温差来拉伸压缩塑性变形区。图2-16所示为温差拉伸法消除残余应力示意图，在焊缝两侧各用一适当宽度（一般为100~150mm）的氧乙炔焰嘴加热焊件，将焊件表面加热到200℃左右，在焰嘴后面一定距离用水管喷头冷却，以造成两侧温度高、焊缝区温度低的温度场，两侧金属的热膨

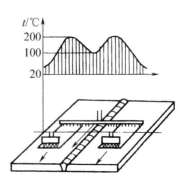

图2-16　温差拉伸法消除残余应力示意图

胀对中间温度较低的焊缝区进行拉伸，产生拉伸塑性变形抵消焊接时所产生的压缩塑性变形，从而达到消除残余应力的目的。如果加热温度和加热范围选择适当，消除残余应力的效果可达50%~70%。

4. 锤击焊缝

在焊后用锤子或一定直径的半球形风锤锤击焊缝，可使焊缝金属产生延伸变形，能抵消一部分压缩塑性变形，起到减小焊接应力的作用。锤击时注意施力应适度，以免施力过大而产生裂纹。

5. 振动法

又称振动时效或振动消除应力法（VSR）。它是利用由偏心轮和变速电动机组成的激振器，使结构发生共振所产生的循环应力来降低内应力。振动法所用设备简单、价廉，节省能源，处理费用低，时间短，也没有高温回火时金属表面氧化等问题。因此目前在焊件、铸件、锻件中较多采用。

第三节　焊接变形

一、焊接变形的种类及其影响因素

焊接变形在焊接结构中的分布是很复杂的。按变形对整个焊接结构的影响程度，可将焊接变形分为局部变形和整体变形；按照变形的外观形态来分，可将焊接变形分为图 2-17 所示的 5 种基本变形形式：收缩变形、角变形、弯曲变形、波浪变形和扭曲变形。这些基本变形形式的不同组合，形成了实际生产中焊件的变形。下面，将分别讨论各种变形的形成规律和影响因素。

1. 收缩变形

焊件尺寸比焊前缩短的现象称为收缩变形。它分为纵向收缩变形和横向收缩变形，如图 2-18 所示。

（1）纵向收缩变形　纵向收缩变形即沿焊缝轴线方向尺寸的缩短。这是由于焊缝及其附近区域在焊接高温的作用下产生纵向的压缩塑性变形，焊后这个区域要收缩，便引起了焊件的纵向收缩变形。纵向收缩变形量 Δx 取决于焊缝长度、焊件截面积、材料的弹性模量、压缩塑性变形区的面积以及压缩塑性变形率等。焊件截面积越大，焊件的纵向收缩量越小。焊缝的长度越长，纵向收缩量越大。从这个角度考虑，在受力不大的焊接结构内，采用间断焊缝代替连续焊缝，是减小焊件纵向收缩变形的有效措施。

（2）横向收缩变形　横向收缩变形系指沿垂直于焊缝轴线方向尺寸的缩短。构件焊接时，不仅产生纵向收缩变形，同时也产生横向收缩变形，如图 2-18 所示

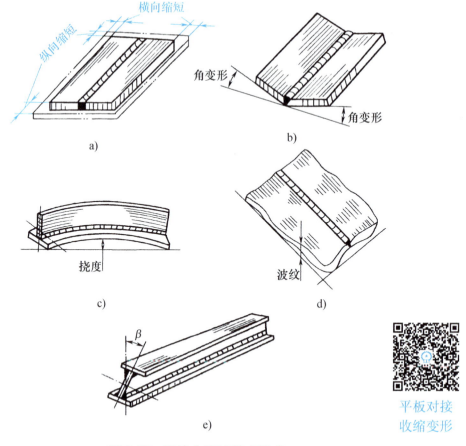

图 2-17　焊接变形的基本形式

a）收缩变形　b）角变形　c）弯曲变形　d）波浪变形　e）扭曲变形

中的 Δy。产生横向收缩变形的过程比较复杂，影响因素很多，如热输入、接头形式、装配间隙、板厚、焊接方法以及焊件的刚性等，其中以热输入、装配间隙、接头形式等影响最为明显。

　　不管何种接头形式，其横向收缩变形量总是随焊接热输入增大而增加。装配间隙对横向收缩变形量的影响也较大，且情况复杂。

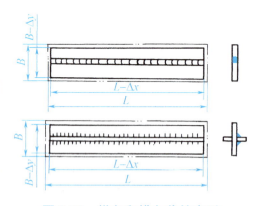

平板对接
收缩变形

图 2-18　纵向和横向收缩变形

况复杂。一般来说，随着装配间隙的增大，横向收缩变形量也增加。

　　另外，横向收缩量沿焊缝长度方向分布不均匀，因为一条焊缝是逐步形成的，先焊的焊缝冷却收缩对后焊的焊缝有一定挤压作用，使后焊的焊缝横向收缩量更大。一般情况下，焊缝的横向收缩沿焊接方向是由小到大，逐渐增大到一定长度后便趋于稳定。由于这个原因，生产中常将一条焊缝的两端头间隙取不同值，后半部分比前半部分要大 1~3mm。

横向收缩量还与装配后定位焊和装夹情况有关，定位焊焊缝越长，装夹的拘束程度越大，横向收缩变形量就越小。

2. 角变形

焊后由于焊缝的横向收缩使得两连接件间相对角度发生变化的变形叫作角变形。中厚板对接焊、堆焊、搭接焊及 T 形接头焊接时，都可能产生角变形。焊缝接头形式不同，其角变形的特点也不同。图 2-19 所示是几种焊接接头的角变形。

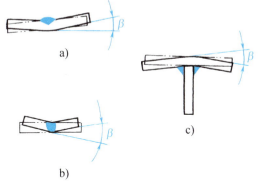

图 2-19 几种焊接接头的角变形
a）平板堆焊 b）对接接头 c）T 形接头

（1）平板堆焊的角变形 平板堆焊时，在钢板厚度方向上的温度分布是不均匀的。温度高的一面受热膨胀较大，另一面膨胀小甚至不膨胀。由于焊接面膨胀受阻，出现较大的压缩塑性变形，这样，冷却时在钢板厚度方向上就会产生收缩不均匀的现象，焊接一面收缩大，另一面收缩小，因此产生图 2-19a 所示的角变形。

（2）对接接头角变形 对接接头角变形主要与坡口形式、坡口角度、焊接方式等有关。坡口截面不对称的焊缝，其角变形大，因而用 X 形坡口代替 V 形坡口，有利于减小角变形；坡口角度越大，焊缝横向收缩沿板厚分布越不均匀，角变形越大。同样板厚和坡口形式下，多层焊比单层焊角变形大，焊接层数越多，角变形越大。多层多道焊比多层焊角变形大。

（3）T 形接头角变形 T 形接头角变形（如图 2-20a 所示）可以看成是由立板相对于水平板的回转与水平板本身的角变形两部分组成。T 形接头不开坡口焊接时，其立板相对于水平板的回转相当于坡口角度为 90° 的对接接头角变形 β'，如图 2-20b 所示；水平板本身的角变形相当于水平板上堆焊引起的角变形 β''，如图 2-20c 所示。这两种角变形综合的结果使 T 形接头两板间的角度发生图 2-20d 所示的变化。为了减小 T 形接头角变形，可通过开坡口来减小立板与水平板间的焊缝夹角，降低 β' 值；还可以通过减小焊脚尺寸来减少焊缝金属量，降低 β'' 值。

3. 弯曲变形

弯曲变形是由于焊缝的中心线与结构截面的中性轴不重合或不对称、焊缝的收缩沿焊件宽度方向分布不均匀而引起的。弯曲变形分两种：焊缝纵向收缩引起的弯曲变形和焊缝横向收缩引起的弯曲变形。

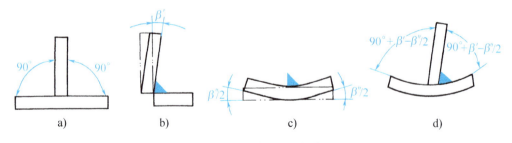

图 2-20　T 形接头的角变形

（1）纵向收缩引起的弯曲变形　图 2-21 所示为不对称布置焊缝的纵向收缩所引起的弯曲变形。弯曲变形（挠度 f）的大小与焊缝在结构中的偏心距 s 及假想偏心力 F_p 成正比，与焊件的刚度 EI 成反比。而假想偏心力又与压缩塑性变形区有关，凡影响压缩塑性变形区的因素均影响偏心力 F_p 的大小。偏心距 s 越大，弯曲变形越严重。焊缝位置对称或接近于截面中性轴，则弯曲变形就比较小。

（2）横向收缩引起的弯曲变形　焊缝的横向收缩在结构上分布不对称时，也会引起焊件的弯曲变形。如工字梁上布置若干短肋板（如图 2-22 所示），由于肋板与腹板及肋板与上翼板的角焊缝均分布于结构中性轴的上部，它们的横向收缩将引起工字梁的下挠变形。

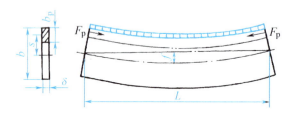　　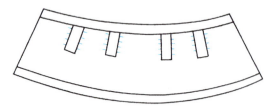

图 2-21　焊缝的纵向收缩引起的弯曲变形　　　图 2-22　焊缝的横向收缩引起的弯曲变形

4. 波浪变形

波浪变形是指构件产生形似波浪的变形。波浪变形常发生于板厚小于 6mm 的薄板焊接过程中，又称之为失稳变形。大面积平板拼接，如船体甲板、大型油罐底板等，极易产生波浪变形。防止波浪变形可从两方面着手：一是降低焊接残余压应力。如采用能使塑性变形区小的焊接方法，选用较小的焊接热输入等；二是提高焊件失稳临界应力。如给焊件增加肋板，适当增加焊件的厚度等。

焊接角变形也可能产生类似的波浪变形。如图 2-23 所示，采用大量肋板的结构，每块肋板的角焊缝引起的角变形，连贯起来就形成波浪变形。

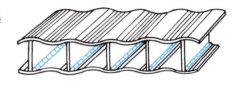

图 2-23　焊接角变形引起的波浪变形

5. 扭曲变形

产生扭曲变形的原因主要是焊缝角变形沿焊缝长度方向分布不均匀。如图 2-24 所示中的工字梁，若按图示 1～4 顺序和方向焊接，则会产生图示扭曲变形，这主要是角变形沿焊缝长度逐渐增大的结果。如果改变焊接顺序和方向，使两条相邻的焊缝同时向同一方向焊接，就会克服这种扭曲变形。

以上 5 种变形是焊接变形的基本形式，在这 5 种变形中，最基本的是收缩变形，收缩变形再加上不同的影响因素，就构成了其他 4 种变形形式。

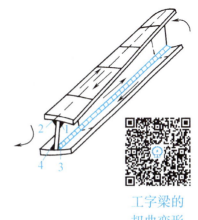

工字梁的
扭曲变形

图 2-24　工字梁的扭曲变形

焊接结构的变形对焊接结构生产有极大的影响。首先，零件或部件的焊接变形，给装配带来困难，进而影响后续焊接的质量；其次，过大的焊接变形还要进行矫正，增加了结构的制造成本；另外，焊接变形也降低焊接接头的性能和承载能力。因此，在实际生产中，必须设法控制焊接变形，使变形控制在技术要求所允许的范围之内。

二、控制焊接变形的措施

从焊接结构的设计开始，就应考虑控制变形可能采取的措施。进入生产阶段，可采用预防焊接变形的措施，以及在焊接过程中的工艺措施。

1. 设计措施

（1）选择合理的焊缝形状和尺寸

1）选择最小的焊缝尺寸。在保证结构有足够承载能力的前提下，应采用尽量小的焊缝尺寸。尤其是角焊缝尺寸，最容易盲目加大。焊接结构中有些仅起联系作用或受力不大，并经强度计算尺寸甚小的角焊缝，应按板厚选取工艺上可能的最小尺寸。对受力较大的 T 形接头或十字接头，在保证强度相同的条件下，采用开坡口的焊缝比不开坡口而用一般角焊缝可减少焊缝金属，对减小角变形有利，如图 2-25 所示。

2）选择合理的坡口形式。相同厚度的平板对接，开单面 V 形坡口的角变形大于开双面 V 形坡口的角变形。因此，可翻转焊接的结构，宜选用两面对称的坡口形式。T 形接头立板端开半边 U 形（J 形）坡口比开半边 V 形坡口角变形小，如图 2-26 所示。

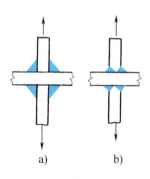

图 2-25　相同承载能力的十字接头

a）不开坡口　b）开坡口

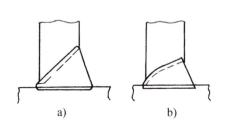

图 2-26　T 形接头的坡口

a）角变形大　b）角变形小

（2）合理确定焊缝长度和数量　由于焊缝长度对焊接变形有影响，所以在满足强度要求和密封性要求的前提下，可以用断续焊缝代替连续焊缝，以减小焊接变形。另外，在设计过程中还要尽可能减少焊缝数量。如在薄壳结构中，适当增加壁板的厚度，可以减少肋板的数量，从而减轻焊接变形的矫正工作量。如采用图 2-27 所示的压制型材代替焊接肋板，对于防止焊接变形是非常有效的。

（3）合理安排焊缝位置　梁、柱等焊接构件常因焊缝偏心配置而产生弯曲变形。合理的设计应尽量把焊缝安排在结构截面的中性轴上或靠近中性轴，力求在中性轴两侧的变形大小相等方向相反，起到相互抵消作用。图 2-28 所示箱形结构，图2-28a中焊缝集中于中性轴一侧，弯曲变形大，图 2-28b 中的焊缝安排合理。

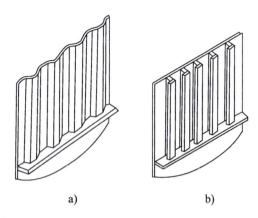

图 2-27　采用压制型材代替焊接肋板减少焊缝数量和焊接变形

a）压制型材　b）焊接肋板

图 2-29a 所示的肋板设计，使焊缝集中在截面的中性轴下方，肋板焊缝的横向收缩集中在下方，将引起上拱的弯曲变形。改成图 2-29b 所示的设计结构，就能减小和防止这种变形。

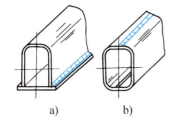

图 2-28　箱形结构的焊缝位置
a）不合理　b）合理

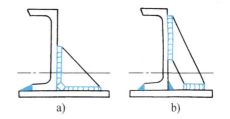

图 2-29　合理安排焊缝位置防止变形
a）不合理　b）合理

2. 工艺措施

（1）留余量法　此法即是在下料时将零件的长度或宽度尺寸比设计尺寸适当加大，以补偿焊件的收缩量。余量的多少可根据公式并结合生产经验来确定。留余量法主要是用于防止焊件的收缩变形。

（2）反变形法　此法就是根据焊件的变形规律，焊前预先将焊件向着与焊接变形的相反方向进行人为的变形（反变形量与焊接变形量相等），使之达到抵消焊接变形的目的。此法很有效，但必须准确地估计焊后可能产生的变形方向和大小，并根据焊件的结构特点和生产条件灵活地运用。

反变形法主要应用于控制角变形和弯曲变形。图 2-30 所示为 V 形坡口单面对接焊时，利用反变形法防止角变形的最简单的例子。图 2-30a 是不采取反变形的情况，焊后将产生角变形；图 2-30b 是焊前预先将坡口处垫起，形成一个反变形，然后再焊接，焊后基本平直。

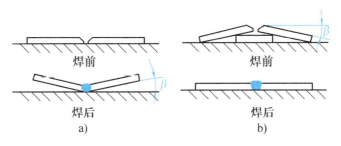

图 2-30　平板对接焊时的反变形法
a）不采用反变形　b）采用反变形

（3）刚性固定法　采用适当办法来增加焊件的刚度或拘束度，可以达到减小其变形的目的，这就是刚性固定法。常用的刚性固定法有以下几种：

1）将焊件固定在刚性平台上。薄板焊接时，可将其用定位焊固定在刚性平台上，并且用压铁压住焊缝附近，如图 2-31 所示，待焊缝全部焊完冷却后，再铲除定位焊缝，这样可避免薄板焊接时产生波浪变形。

2）将焊件组合成刚性更大或对称的结构。如 T 形梁焊接时容易产生角变形和弯曲变形，图 2-32 所示是将两根 T 形梁组合在一起，使焊缝对称于结构截面的中性轴，同时大大地增加了结构的刚性，并配合反变形法（如图中所示采用垫铁），采用合理的焊接顺序，对防止弯曲变形和角变形有利。

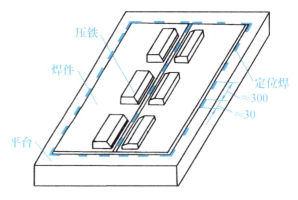

图 2-31　薄板焊接时的刚性固定

3）利用焊接夹具增加结构的刚性和拘束。图 2-33 所示为利用夹紧器将焊件固定，以增加焊件的拘束，防止构件产生角变形和弯曲变形的应用实例。

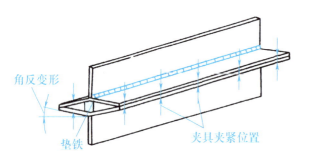

图 2-32　T 形梁的刚性固定与反变形

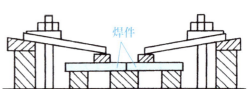

图 2-33　对接拼板时的刚性固定

4）利用临时支撑增加结构的拘束。单件生产中采用专用夹具，在经济上不合理。因此，可在容易发生变形的部位焊上一些临时支撑或拉杆，增加局部的刚度，能有效地减小焊接变形。图 2-34 所示为防护罩焊接时用临时支撑来增加拘束的应用实例。

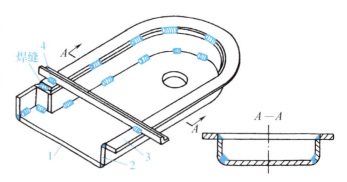

图 2-34　防护罩焊接时的临时支撑

1—底板　2—立板　3—缘口板　4—临时支撑

（4）选择合理的装配焊接顺序　装配焊接顺序对焊接结构变形的影响很大。因此，在无法使用胎夹具情况下施焊，一般都须选择合理的装配和焊接顺序，使焊接变形减至最小。为了控制和减小焊接变形，装配焊接顺序应按以下原则进行：

1) 正在施焊的焊缝应尽量靠近结构截面的中性轴。图 2-35a 所示为桥式起重机的主梁结构，梁的大部分焊缝处于箱形梁的上半部分，其横向收缩会引起梁下挠的弯曲变形，而梁制造技术中要求该箱形主梁具有一定的上拱度，为了解决这一矛盾，除了将左右腹板预制上拱度外，还应选择最佳的装配焊接顺序，使下挠的弯曲变形最小。

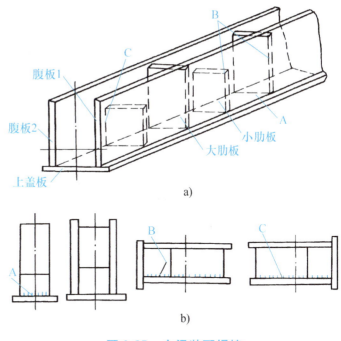

图 2-35 主梁装配焊接

a) Π 形梁结构示意图 b) Π 形梁的装配焊接方案

根据该梁的结构特点，一般先将上盖板与两腹板装成 Π 形梁，最后装下盖板，组成封闭的箱形梁。Π 形梁的装配焊接顺序是影响主梁上拱度的关键，应先将各长、短肋板与上盖板装配，焊 A 焊缝，然后同时装配两块腹板，焊 B、C 焊缝。这时产生的下挠弯曲变形最小。因为使 Π 形梁产生下挠弯曲变形的主要原因是 A 焊缝的收缩，A 焊缝离 Π 形梁截面中性轴越近，引起的弯曲变形越小。该方案中，在装配腹板之前焊 A 焊缝，结构中性轴最低，因为焊缝 A 距梁的截面中性轴最近，引起的下挠变形就小。因此，该方案是最佳的装配焊接顺序，也是目前类似结构在实际生产中广泛采用的一种方案。

2) 对于焊缝非对称布置的结构，装配焊接时应先焊焊缝少的一侧。如图 2-36a 所示压力机的压型上模，截面中性轴以上的焊缝多于中性轴以下的焊缝，装配焊接顺序不合理，最终将产生下挠的弯曲变形。解决的办法是先由两人对称地焊接 1 和 1′焊缝（如图 2-36b 所示），此时将产生较大的上拱弯曲变形 f_1 并增加了结构的刚性，再按图 2-36c 所示的位置焊接焊缝 2 和 2′，产生下挠弯曲变形 f_2，最后按图 2-36d 所示的位置焊接 3 和 3′，产生下挠弯曲变形 f_3，这样 f_1 近似等于 f_2 与 f_3 之和，并且方向相反，弯曲变形基本相互抵消。

3) 焊缝对称布置的结构，应由偶数焊工对称地施焊。如图 2-37 所示的圆筒体对接焊缝，应由 2 名焊工对称地施焊。

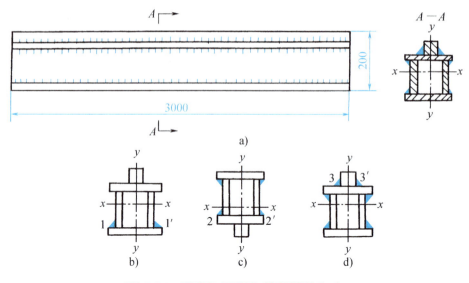

图 2-36   压力机压型上模的焊接顺序

a）压型上模结构图   b）、c）、d）焊接顺序

4）长焊缝（1m 以上）焊接时，可采用图 2-38 所示的方向和顺序进行焊接，以减小其焊后的收缩变形。

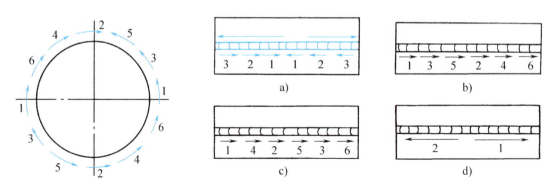

图 2-37   圆筒体对接焊缝焊接顺序　　图 2-38   长焊缝的几种焊接方向和顺序

（5）合理地选择焊接方法和焊接工艺参数　各种焊接方法的热输入不相同，因而产生的变形也不一样。能量集中和热输入较低的焊接方法，可有效地降低焊接变形。用 CO_2 气体保护焊焊接中厚钢板的变形比用气焊和焊条电弧焊小得多，更薄的板可以采用脉冲钨极氩弧焊、激光焊等方法焊接。电子束焊的焊缝很窄，变形极小，一般经精加工的工件，焊后仍具有较高的精度。

焊接热输入是影响变形量的关键因素，当焊接方法确定后，可通过调节焊接参数来控制热输入。在保证熔透和焊缝无缺陷的前提下，应尽量采用小的焊接热输入。根据焊件结构特点，可以灵活地运用热输入对变形影响的规律，去控制变形。如图 2-39 所示的不对称截面梁，因焊缝 1、2 离结构截面中性轴的距离 s 大于焊缝 3、4 到中性轴的距离 s'，所以焊后会产生下挠的弯曲变形。如果在焊接 1、2 焊缝时，采用多层焊，每层选择较小的热输入；焊接 3、4 焊缝时，采用单层焊，选择较大的热输入，这样焊接焊缝 1、2 时所产生的下挠变形与焊接焊缝 3、4 时所产生的上拱变形基本相互抵消，焊后基本平直。

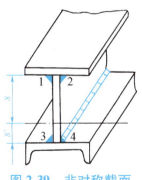

图 2-39 非对称截面梁的焊接

（6）热平衡法 对于某些焊缝不对称布置的结构，焊后往往会产生弯曲变形。如果在与焊缝对称的位置上采用气体火焰与焊接同步加热，只要加热的工艺参数选择适当，就可以减小或防止焊件的弯曲变形。图 2-40 所示为采用热平衡法对边梁箱形结构的焊接变形进行控制来防止焊接变形的应用实例。

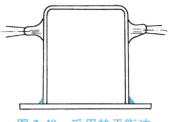

图 2-40 采用热平衡法防止焊接变形

（7）散热法 散热法就是利用各种办法将施焊处的热量迅速散走，减小焊缝及其附近的受热区，同时还使受热区的受热程度大大降低，达到减小焊接变形的目的。图 2-41a 所示为水浸法散热示意图，图 2-41b 所示为喷水法散热示意图，图 2-41c 所示为采用纯铜板中钻孔通水的散热垫法散热。

采用热平衡法防止焊接变形

以上所述为控制焊接变形的常用方法。在焊接结构的实际生产过程中，应充分估计各种变形，分析各种变形的变形规律，根据现场条件选用一种或几种方法，有效地控制焊接变形。

三、矫正焊接变形的方法

在焊接结构生产中，首先应采取各种措施来防止和控制焊接变形。但是焊接变形是难以避免的，因为影响焊接变形的因素太多，生产中无法面面俱到。当焊接结构中的残余变形超出技术要求的变形范围时，就必须对焊件的变形进行矫正。常用的矫正焊接变形的方法如下：

1. 手工矫正法

手工矫正法就是利用锤子、大锤等工具锤击焊件的变形处，使材料延伸，以补偿焊接收缩。主要用于矫正一些小型简单焊件的弯曲变形和薄板的波浪变形。

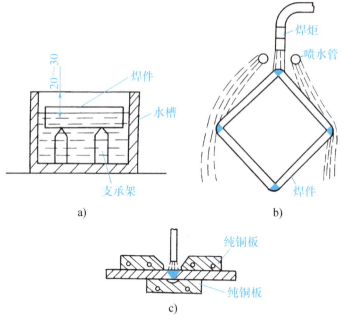

图 2-41　散热法示意图

a）水浸法散热　b）喷水法散热　c）散热垫法散热

2. 机械矫正法

机械矫正法就是利用机器或工具来矫正焊接变形。具体地说，就是用千斤顶、拉紧器、压力机等将焊件顶直或压平。机械矫正法一般适用于塑性比较好的材料及形状简单的焊件，如图 2-42 所示。

3. 火焰加热矫正法

火焰加热矫正就是利用火焰对焊件进行局部加热，使焊件产生新的变形去抵消焊接变形。火焰加热矫正法在生产中应用广泛，主要用于矫正弯曲变形、角变形、波浪变形等，也可用于矫正扭曲变形。

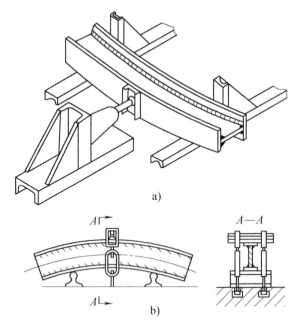

图 2-42　机械矫正法矫正梁的弯曲变形

a）用千斤顶矫正　b）用拉紧器矫正

火焰加热的方式有点状加热、线状加热和三角形加热。

（1）点状加热　如图 2-43 所示，加热点的数目应根据焊件的结构形状和变形情况而定。对于厚板，加热点的直径 d 应大些；薄板的加热点直径则应小些。变形量大时，加热点之间距离 a 应小一些；变形量小时，加热点之间距离应大一些。

（2）线状加热　火焰沿直线缓慢移动或同时做横向摆动，形成一个加热带的加热方式，称为线状加热。线状加热有直通加热、链状加热和带状加热三种形式，如图 2-44 所示。线状加热可用于矫正波浪变形、角变形和弯曲变形等。

（3）三角形加热　三角形加热即加热区域呈三角形，一般用于矫正刚度大、厚度较大结构的弯曲变形。加热时，三角形的底边应在被矫正结

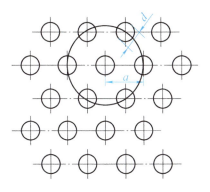

图 2-43　点状加热

构的拱边上，顶端朝焊件的弯曲方向，如图 2-45 所示。三角形加热与线状加热联合使用，对矫正大而厚焊件的焊接变形效果更佳。

火焰加热矫正焊接变形的效果取决于下列三个因素：

（1）加热方式　加热方式的确定取决于焊件的结构形状和焊接变形形式，一般薄板的波浪变形应采用点状加热；焊件的角变形可采用线状加热；弯曲变形多采用三角形加热。

（2）加热位置　加热位置的选择应根据焊接变形的形式和变形方向而定。

（3）加热温度和加热区的面积　应根据焊件的变形量及焊件材质确定，当焊件变形量较大时，加热温度应高一些，加热区的面积应大一些。

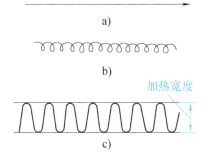

图 2-44　线状加热

a）直通加热　b）链状加热　c）带状加热

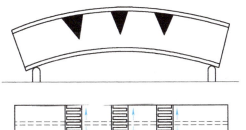

图 2-45　工字梁弯曲变形的
火焰加热矫正

T 形梁旁
弯的矫正

综 合 训 练

一、名词解释

1. 应力 2. 变形 3. 外观变形 4. 焊接残余应力 5. 焊接残余变形 6. 温度场 7. 预热法 8. 收缩变形 9. 角变形 10. 弯曲变形

二、填空题

1. 内应力是由于物体内部_____、_____及_____的变化等因素造成物体内部的不均匀性变形而引起的应力。内应力的主要特点是_____
_____。

2. 根据内应力产生的原因不同，可分为_____、_____、_____以及_____等。

3. 可以根据内应力所涉及的范围，将其分为_____、_____和_____。

4. 物体的变形还可按拘束条件分为_____和_____。物体单位长度的变形量称为_____。

5. 焊接过程中及焊接结束后，焊件中的应力分布都是_____。焊接结束后，焊缝及其附近区域的残余应力通常是_____。

6. 在焊接结构中，焊缝及其附近区域的纵向残余应力为_____。一般可达到材料的屈服强度，离开焊缝区，_____急剧下降并转为_____。

7. 热处理法是利用材料在高温下_____和_____来达到_____的目的，同时热处理还可改善焊接接头的性能。

8. 整体热处理消除残余应力的效果取决于_____、_____、_____、加热方法和_____。一般可消除_____的残余应力，在生产中应用比较广泛。

9. 温差拉伸法常用于焊缝_____、厚度_____的容器、船舶等板、壳结构，具有一定的实用价值。

10. 按焊接变形对整个焊接结构的影响程度，可分为_____和_____。

11. 按焊接变形的特征，可分为_____、_____、_____、_____和扭曲变形。

12. 留余量法主要是用来防止焊件_____。反变形法主要用来防止焊件的_____和_____。

13. 常用的散热法有_____、_____和_____。

14. 火焰加热矫正就是利用火焰对焊件进行局部加热，使焊件产生_____去抵消焊接变形，主要用于矫正_____、_____、波浪变形等，也可用于矫正_____。

15. 加热火焰一般采用_____火焰，火焰加热的方式有_____、_____和三角形加热三种。

三、简答题

1. 焊接应力与变形产生的原因有哪些？
2. 控制焊接残余应力的措施有哪些？简述其原理。
3. 焊接残余应力对焊接结构的影响有哪些？
4. 消除焊接残余应力的方法有哪些？简述其原理。
5. 影响纵向收缩变形的因素有哪些？它们分别是如何影响的？
6. 影响纵向弯曲变形量的因素有哪些？
7. 简述控制焊接变形的设计措施和工艺措施。
8. 焊接变形带来的危害有哪些？
9. 机械矫正法矫正焊接变形的原理是什么？
10. 什么是火焰加热矫正法中的线状加热？其具体分为哪几种形式？

第三章

焊接接头的应力分布及静载强度

 [学习目标]

通过本章学习，让学生在掌握焊接接头的组成和基本形式、焊缝的基本形式、焊缝符号的组成与标注及焊接接头强度基本理论等相关知识的基础上，能够正确识读焊接图，了解焊接符号在图中表示的含义及要求。同时，能够根据焊接接头强度基本理论，对给定接头进行强度校核，通过静载强度校核焊缝是否满足使用要求。

第一节　焊接接头的基本知识

一、焊接接头的组成

由两个或两个以上焊件通过焊接方法连接而成的接头，称为焊接接头。焊接接头由焊缝金属、熔合区、热影响区所组成，如图 3-1 所示。焊缝金属是由焊接时填充的金属材料与母材金属熔化结晶所形成的结合部分，其组织和化学成分不同于母材金属；熔合区是焊缝金属与母材金属交接的过渡区，母材金属处于半熔化状态，其组织和性能不同于母材金属；热影响区是受焊接热循环的影响，固态母材金属的组织和性能发生变化的区域。可见，焊接接头是一个成分、组织和性能都不一样的不均匀体。

二、焊接接头基本形式

焊接接头的种类和形式很多，可以从不同的角度将它们加以分类。焊接接头按所采用的焊接方法可分为熔焊接头、压焊接头和钎焊接头三大类。因熔焊接头在焊接结构制造中应用较广，故本节只介绍熔焊接头的基本类型。根据组对的形式，常用的熔焊接头可分为对接接头、T形接头、搭接接头、角接接头和端接接头。

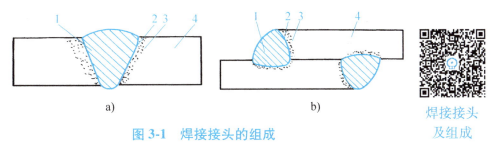

图 3-1　焊接接头的组成

1—焊缝金属　2—熔合区　3—热影响区　4—母材金属

焊接接头及组成

（1）对接接头　两焊件表面构成 135°～180° 夹角的接头，见表 3-1 中序号 1～6。对接接头受力状况较好，应力集中程度小，材料消耗少，但对接板边缘加工及装配要求较高。

（2）T形（十字）接头　把互相垂直的焊件用角焊缝连接起来的接头，见表 3-1 中序号 7～12。这种接头有多种类型（焊透或不焊透、开坡口或不开坡口），可承受各种方向的力和力矩。

1）开坡口的 T 形（十字）接头是否能焊透要看坡口的形状和尺寸。这类接头适用于承受动载荷的结构。

2）不开坡口的 T 形（十字）接头通常是焊不透的。

表 3-1　电弧焊接头的基本类型

序号	简　图	坡口形式	接头形式	焊缝形式
1		I形	对接接头	对接焊缝（双面焊）
2		V形（带钝边）	对接接头	对接焊缝（有根部焊道）
3		X形（带钝边）	对接接头	对接焊缝
4		U形（带钝边）	对接接头	对接焊缝
5		双U形（带钝边）	对接接头	对接焊缝

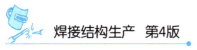

（续）

序号	简　图	坡口形式	接头形式	焊缝形式
6		单边 V 形（带钝边）	对接接头	对接和角接组合焊缝
7		单边 V 形	T 形接头	对接焊缝
8		I 形	T 形接头	角焊缝
9		K 形	T 形接头	对接焊缝
10		K 形	T 形接头	对接和角接组合焊缝
11		K 形	十字接头	对接焊缝
12		I 形	十字接头	角焊缝
13		I 形	搭接接头	角焊缝
14			塞焊搭接接头	塞焊缝
15		单边 V 形（带钝边）	角接接头	对接焊缝
16			角接接头	角焊缝
17			角接接头	角焊缝

（续）

序号	简　图	坡口形式	接头形式	焊缝形式
18			角接接头	角焊缝
19	0°~30°		端接接头	端接焊缝

（3）搭接接头　它是把两焊件部分重叠构成的接头，见表 3-1 中序号 13、14。搭接接头的应力分布不均匀，疲劳强度较低，不是理想的接头类型。但由于其焊接准备和装配工作简单，因此在结构中仍然得到广泛的应用。

（4）角接接头　它是两焊件端部构成 30°~135° 夹角的接头，见表 3-1 中序号 15~18，多用于箱形构件。

（5）端接接头　它是两焊件重叠放置或两焊件表面之间的夹角不大于 30° 构成的端部接头，见表 3-1 中序号 19，多用于密封。

三、电弧焊焊缝基本形式

焊件经焊接后所形成的结合部分称为焊缝，焊缝是构成焊接接头的主体部分，可按工作性质或按其接头形式进行分类，如图 3-2 所示。

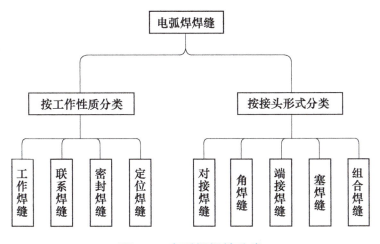

图 3-2　电弧焊焊缝分类

（1）工作焊缝　它是指在焊接结构中承担着传递全部载荷作用的焊缝。焊缝一旦产生断裂，结构就会立即失效，如图 3-3a 所示，对这种焊缝必须进行强度计算。

（2）联系焊缝　它是指焊接结构中不直接承受载荷，只起连接作用的焊缝。它是将两个或更多的焊件连成一个整体，以保持其相对位置，此类焊缝通常不作强度计算，如图3-3b所示。

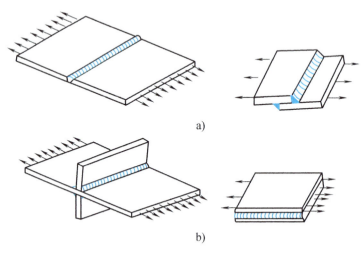

图 3-3　焊缝的形式

a）工作焊缝　b）联系焊缝

（3）密封焊缝　它是结构上主要用于防止流体渗漏的焊缝。密封焊缝可以同时是工作焊缝或是联系焊缝。

（4）定位焊缝　它是为装配和固定焊件的位置而进行焊接的短焊缝。定位焊缝所用的焊接材料、对焊工的要求等均应与正式焊缝完全一样。

（5）对接焊缝　它是在焊件的坡口面间或一焊件的坡口面与另一焊件表面间焊接的焊缝。对接焊缝一般情况下是指对接接头的焊缝，但有时根据结构要求，T形（十字）接头也可形成对接焊缝。

根据板材厚度、焊接方法和工艺过程的不同，对接焊缝坡口形式的选择应考虑以下几个方面：

1）节省焊接材料。相同厚度的焊接接头，采用X形坡口比V形坡口能节省较多的焊接材料、电能和工时，从而降低焊接材料的消耗量。

2）便于施焊。对不能翻转和内径较小的容器、转子及轴类的对接焊缝，为了避免大量的仰焊或不便从内侧施焊，宜采用V形或U形坡口，以便于施焊。

3）坡口易加工。坡口形式不同，加工的难易程度不同。V形和X形坡口可用氧气切割或等离子弧切割，也可用机械切削加工。对于U形或双U形坡口，一般需用刨边机加工。在圆筒体上开U形坡口，加工困难，应尽量少采用。

4）焊接变形小。采用不适当的坡口形状，容易产生较大的焊接变形。如平板对接的 V 形坡口，其角变形就大于 X 形坡口。

（6）角焊缝　它是沿两直交或近直交焊件的交线所焊接的焊缝。角焊缝在承受力时，其应力集中较严重，其承载能力一般比对接焊缝差。

（7）端接焊缝　它是构成端接接头所形成的焊缝，常用于要求密封的接头中。

（8）塞焊缝　它是两焊件相叠，其中一块开有圆孔，在圆孔中焊接两板所形成的焊缝。这类焊缝主要用于搭接接头焊缝强度不够或反面无法施焊的情况。

（9）组合焊缝　它是一条焊缝同时由两种基本焊缝形式组合成的焊缝。这类焊缝常用于压力容器的接管处或厚板与薄板的对接接头处。

四、焊缝符号

焊缝符号是标注在工件图样上，作为指导焊接操作者施焊的主要依据。焊接操作者应清楚焊缝符号的标注方法及其含义。

1. 焊缝符号的组成

完整的焊缝符号包括基本符号、补充符号、指引线、尺寸符号及方法代号等。

（1）基本符号　焊缝的基本符号表示焊缝横截面的形式或特征，见表 3-2。

表 3-2　焊缝的基本符号（摘自 GB/T 324—2008）

名　称	基本符号	示意图	标注示例
I 形焊缝	‖		
V 形焊缝	V		
单边 V 形焊缝	V		
带钝边 V 形焊缝	Y		

（续）

名　称	基本符号	示意图	标注示例
钝边单边 V 形焊缝	Ⱶ		
带钝边 U 形焊缝	Ⴑ		
带钝边 J 形焊缝	Ⴑ		
封底焊缝	⌣		
角焊缝	◺		
点焊缝	○		

（2）补充符号　焊缝的补充符号是补充说明有关焊缝或接头的某些特征（如表面形状、衬垫、分布、施焊特点等），见表 3-3。

表 3-3　焊缝的补充符号（摘自 GB/T 324—2008）

名称	符号	示意图	标注示例	说明
平面	—			平齐的 V 形焊缝，焊缝表面经过加工后平整
凹面	⌣			角焊缝表面凹陷
凸面	⌢			双面 V 形焊缝，焊缝表面凸起

（续）

名称	符号	示意图	标注示例	说明
圆滑过渡	⌣			表面平滑过渡的角焊缝
永久衬垫	⌐M⌐			V 形焊缝背面的衬垫永久保留
临时衬垫	⌐MR⌐			V 形焊缝背面的衬垫在焊接完成后拆除
三面焊缝	⊏			三面带有（角）焊缝，符号开口方向与实际方向一致
周围焊缝	○			沿着工件周围施焊的焊缝，周围焊缝符号标注在基准线与箭头线的交点处
现场焊缝	▶			在现场焊接的焊缝
尾部	<	$N=4/m$		有 4 条相同的角焊缝采用焊条电弧焊

（3）指引线　指引线一般由带箭头的指引线（简称箭头线）和两条基准线（一条为细实线，另一条为细虚线）两部分组成，如图 3-4 所示。基准线一般与标题栏平行。指引线有箭头的一端指向有关焊缝，细虚线表示焊缝在接头的非箭头侧。在需要表示焊接方法等说明时，可在基准线末端加一尾部符号。

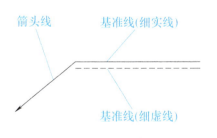

箭头线　　基准线(细实线)

基准线(细虚线)

焊缝符号的读识

图 3-4　指引线的画法

（4）焊缝尺寸符号 用来代表焊缝的尺寸要求，表3-4所示为常用的焊缝尺寸符号。当需要注明尺寸要求时才标注。

表3-4 常用的焊缝尺寸符号的含义及标注的位置（摘自 GB/T 324—2008）

名称	符号	标注位置
工件厚度	δ	
坡口角度	α	
坡口面角度	β	
根部间隙	b	
钝边	p	
坡口深度	H	
焊缝宽度	c	
余高	h	
焊缝有效厚度	S	
根部半径	R	
焊脚尺寸	K	
焊缝长度	l	
焊缝间距	e	
焊缝段数	n	
相同焊缝数量	N	

（5）焊接方法代号 按焊接过程中金属所处的状态不同，焊接方法分为熔化焊接、压力焊接和钎焊三大类。国家标准 GB/T 5185—2005《焊接及相关工艺方法代号》规定，用阿拉伯数字代号表示各种焊接工艺方法，并可在图样中标出。焊接及相关工艺方法一般采用三位数字表示：一位数代号表示工艺方法大类，二位数代号表示工艺方法分类，三位数代号表示某种工艺方法，常用的焊接方法代号见表3-5。

表3-5 常用的焊接方法代号

方法	德文缩写（DIN1910）	英文缩写	数字代号（ISO 4063）
气焊	G		3
氧乙炔气焊	G		311
焊条电弧焊	E	SMAW	111
药芯焊丝电弧焊（自保护）	MF		114
埋弧焊	UP	SAW	12

（续）

方法	德文缩写（DIN1910）	英文缩写	数字代号（ISO 4063）
气体保护焊	SG		
熔化极气体保护电弧焊	MSG	GMAW	13
熔化极非惰性气体保护电弧焊	MAG	MAG	135
非惰性气体保护的药芯焊丝电弧焊		FCAW	136
熔化极惰性气体保护电弧焊	MIG	MIG	131
非熔化极气体保护电弧焊	WSG	GTAW	14
钨极惰性气体保护电弧焊	WIG	TIG	141
等离子弧焊	WP	PWA	15
激光焊	LA	LBW	52
电子束焊	EB	EBW	51
压焊			4
电阻焊	R	RW	2
点焊	RP		21
缝焊	RR		22
凸焊	RB		23
闪光对焊	RA		24
摩擦焊	FR	FW	42
电弧螺柱焊	B		781
电渣焊	RES	ESW	72

2. 识别焊缝代号的基本方法

1）根据箭头的指引方向了解焊缝在焊件上的位置。

2）看图样上焊件的结构型式（即组焊焊件的相对位置）识别出接头形式。

3）通过基本符号可以识别焊缝形式（即坡口形式）、基本符号上下标有坡口角度及对装间隙。

4）通过基准线的尾部标注可以了解采用的焊接方法、对焊接的质量要求及无损检验要求。

第二节　常用焊接接头的应力分布

一、应力集中

1. 应力集中的概念

由于焊缝形状和焊缝布置的特点，实际焊接接头中往往存在着变形或某种缺陷,导致接头中应力分布不均匀。这种在几何形状突变处或不连续处应力突然增大的现象称为应力集中。应力集中程度的大小,常以应力集中系数 K_T 表示,即

$$K_T = \frac{\sigma_{max}}{\sigma_m}$$

式中　　σ_{max}——截面中最大应力值;

　　　　σ_m——截面中平均应力值。

2. 焊接接头产生应力集中的原因

引起焊接接头应力集中的原因涉及结构、工艺方面等多种因素。

(1)焊缝中的工艺缺陷　如气孔、夹渣、裂纹和未焊透等。其中,尤以裂纹和未焊透引起的应力集中最严重。

(2)焊接接头处几何形状的改变　如对接接头中,由于余高的存在,在母材与余高过渡处存在应力集中。

(3)不合理的接头形式和焊缝外形　如接头处截面突变、加盖板的对接接头、单侧焊缝的T形接头等,这些都会引起较大的应力集中。

二、电弧焊接头的应力分布

1. 常用术语(图3-5)

(1)焊缝宽度　焊缝表面两焊趾之间的距离。

(2)余高　超出母材表面连线上面的那部分焊缝金属的最大高度。

(3)焊趾　焊缝表面与母材的交界处。

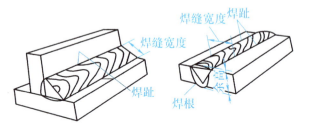

图3-5　焊缝术语示意图

(4)焊根　焊缝背面与母材的交界处。

2. 对接接头的应力分布

在焊接接头处,通常都有余高存在,致使焊缝与母材的过渡处的截面发生变化,使此处产生应力集中,图3-6所示为对接接头的应力分布及应力集中情况。

应力集中系数 K_T 的大小取决于焊缝宽度 c、余高 h、焊趾处的 θ 角及转角半径 r。在其他因素不变的情况下,余高增加或转角半径减小等都会使 K_T 增加。因此生产中应适当控制余高值,不应当以增加余高的方法来增加焊缝的

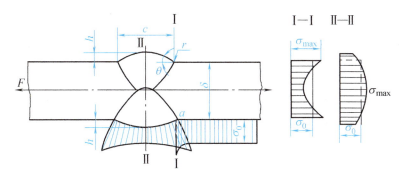

图 3-6 对接接头的应力分布及应力集中情况

承载能力。

由于余高带来的应力集中对动载结构的疲劳强度不利，所以对重要的动载构件，有时采用削平余高（余高为零，$K_T=1$，应力集中消失）或增大过渡半径的措施来降低应力集中，以提高接头的疲劳强度。

3. T形（十字）接头的应力分布

T形（十字）接头焊缝向母材的过渡处形状变化较大，在角焊缝的过渡处和根部都有很大的应力集中。

（1）未开坡口的 T 形（十字）接头

T 形（十字）接头中正面焊缝的应力

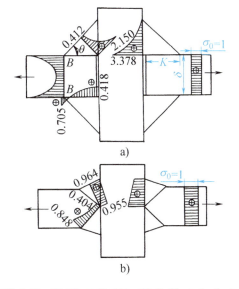

图 3-7 T 形（十字）接头的应力分布
（图中数字是表示应力集中系数 K_T 值）

分布状况如图 3-7a 所示，由于整个厚度没有焊透，焊缝根部应力集中很大。另一部位在焊趾截面 B-B 上，B 点的应力集中系数 K_T 值随角焊缝 θ 角减小而减小，也随焊脚尺寸增大而减小。

（2）开坡口并焊透的 T 形（十字）接头 如图3-7b所示，这种接头的应力集中大大降低。可见开坡口或采用深熔焊接是保证焊透，降低应力集中的重要措施之一。

4. 搭接接头的应力分布

在搭接接头中，根据搭接角焊缝受力方向的不同，可分为三种，如图 3-8 所示。焊缝与力的作用方向相垂直的角焊缝称为正面角焊缝（l_3 段）；而相平行的称为侧面角焊缝（l_1、l_5 段）；介于两者（正面和侧面）之间的斜向焊缝称为联合角焊缝（l_2、l_4 段）。

（1）正面角焊缝的应力分布　正面角焊缝的搭接接头中各截面的应力分布如图 3-9 所示。由图可知，在角焊缝的根部 A 点和焊趾 B 点都有较大的应力集中，其数值与许多因素有关，如焊趾 B 点的应力集中系数就是随角焊缝的斜边与水平边的夹角 θ 而变的，减小其夹角 θ、增大熔深及焊透根部等都可降低应力集中系数。

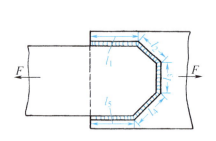

图 3-8　搭接接头角焊缝

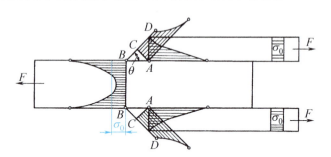

图 3-9　正面搭接角焊缝的应力分布

（2）侧面角焊缝的应力分布　侧面角焊缝搭接接头的应力分布更为复杂，在焊缝中既有正应力，又有切应力存在。应力分布的特点是最大应力在两端，中部应力最小，如图 3-10 所示。

侧面角焊缝搭接接头应力集中的严重程度主要与搭接长度 L 有关，即焊缝越长，应力分布越不均匀。因此，一般规定侧面角焊缝构成搭接接头的焊缝长度不得大于 $50K$（K 为焊脚尺寸）。如果两个被连接件的断面不相等（$F_1 > F_2$），切应力的分布并不对称于焊缝中点，最大应力值位于小断面一侧的端部。

（3）联合角焊缝的应力分布　这种接头是在侧面角焊缝的基础上增添正面角焊缝，如图 3-11 所示，在 A-A 截面上正应力分布比较均匀，最大切应力 $\tau_{\max}$

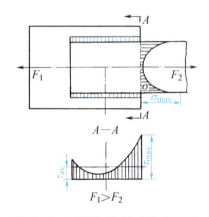

图 3-10　侧面角焊缝的应力分布

F_1、F_2—上、下搭板的截面积

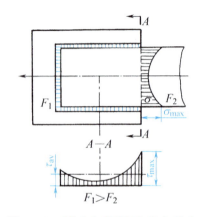

图 3-11　联合角焊缝的应力分布

降低，故在 A-A 截面两端点的应力集中得到改善。由于正面角焊缝承担一部分外力，以及正面角焊缝比侧面角焊缝刚度大，变形小，所以侧面角焊缝的切应力分布得到改善。设计接头时，增加正面角焊缝，不但能改善应力分布，还可以缩短搭接长度。

第三节　焊接接头的静载强度

一、焊接接头静载强度计算的假设

由于焊接接头的应力分布，尤其是角焊缝构成的各类型接头的应力分布十分复杂，精确计算是困难的，为了方便计算，工程上一般如下假设：

1）残余应力对接头强度没有影响。

2）接头的工作应力是均布的，以平均应力计算。

3）由几何不连续而引起局部应力集中对接头强度没有影响。

4）正面角焊缝和侧面角焊缝在强度上无差别。

5）焊脚尺寸的大小对焊缝的强度没有影响。

6）角焊缝都是在切应力作用下破坏的，按切应力计算其强度。

7）忽略焊缝的余高和少量的熔深（不包括埋弧焊和 CO_2 焊）对接头强度的影响，以焊缝中最小断面为计算断面（又称危险断面）。各种接头的焊缝计算断面如图 3-12 所示，图中 a 值为该断面的计算厚度。

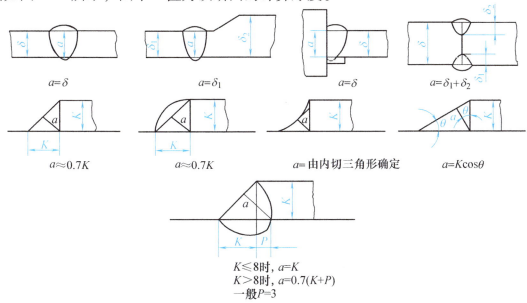

图 3-12　各种焊缝的计算断面（a 为计算厚度）

二、焊缝许用应力

焊缝许用应力的大小与焊接工艺和材料、焊接检验方法的精确程度等许多因素有关。随着焊接技术及焊接检验技术的不断发展与改进，使焊接接头的可靠性不断提高，焊缝的许用应力值也相应增大。确定焊缝的许用应力有以下两种方法：

（1）焊缝系数法　即按母材金属的许用应力乘以一个系数，确定焊缝的许用应力，这个系数主要根据焊接方法和焊接材料来确定。能获得较高质量的焊接方法（埋弧焊）和焊接材料（如低氢型焊条）所焊接的焊缝，应采用较高的系数（系数最大值为1），若用一般焊条和焊条电弧焊焊成的焊缝，应采用较低的系数，见表3-6。

表3-6　焊缝金属的许用应力

焊缝种类	应力状态	焊缝许用应力	
		420MPa 或 490MPa 级焊条的焊条电弧焊	低氢型焊条的焊条电弧焊、自动焊和半自动焊
对接焊缝	拉应力	0.9 [σ]	[σ]
	压应力	[σ]	[σ]
	切应力	0.6 [σ]	0.65 [σ]
角焊缝	切应力	0.6 [σ]	0.65 [σ]

注：1. [σ] 为母材金属的拉伸许用应力。

2. 适用于低碳钢及490MPa级以下的低合金结构钢。

（2）采用已规定的具体数值　这种方法多为某类产品行业根据产品特点、工作条件、所用材料、工艺过程和质量检验方法等方面制订出相应的焊缝许用应力具体数据，见表3-7、表3-8。

表3-7　钢材的分组尺寸　　（单位：mm）

组别	钢材的钢号			
	Q215 钢或 Q235 钢			Q355（16Mn）钢
	钢棒的直径或厚度	型钢或异型钢厚度	钢板的厚度	钢材的直径或厚度
第一组	≤40	≤15	4~20	≤16
第二组	>40~100	>15~20	>20~40	17~25
第三组		>20		26~36

注：1. 棒钢包括圆钢、方钢、扁钢及六角钢。型钢包括角钢、工字钢和槽钢。

2. 工字钢和槽钢的厚度系指腹板的厚度。

表 3-8　焊缝金属的许用应力　　　　　　　　（单位：MPa）

焊缝种类	应力种类		符号	机械化焊、手工焊和用 E43 型焊条电弧焊				机械化焊、手工焊和用 E50 型焊条电弧焊		
				构件的钢号						
				Q215 钢		Q235 钢		Q355（16Mn）钢		
				第一组	第二、三组	第一组	第二、三组	第一组	第二组	第三组
对接焊缝	抗压		$[\sigma_p]$	152	136	166.5	152	235	226	210
	抗拉	机械化焊或精确方法检查手工焊的焊缝质量	$[\sigma'_t]$	152	136	166.5	152	235	226	210
		用普通方法检查手工焊焊缝的质量	$[\sigma'_t]$	127	117.5	142	127	201	191	181
	抗剪		$[\tau']$	93	83	98	93	142	136	127
角焊缝	抗拉、抗压、抗剪		$[\tau']$	107	107	117.5	117.5	166.5	166.5	166.5

注：1. 钢材按其尺寸分组，见表 3-7。

　　2. 检查焊缝的普通方法系指外观检查、测量尺寸、钻孔检查等方法；精确方法是在普通方法的基础上，用射线或超声波进行补充检查。

三、电弧焊接头的静载强度计算

目前仍采用许用应力法计算接头静载强度，而接头的强度计算实际上是计算焊缝的强度，因此，强度计算时许用应力值均为焊缝的许用应力。

电弧焊接头静载强度计算的一般表达式为

$$\sigma \leqslant [\sigma'] \ 或 \ \tau \leqslant [\tau']$$

式中　σ、τ——平均工作应力；

$[\sigma']$、$[\tau']$——焊缝的许用应力。

1. 对接接头静载强度计算

对接接头强度计算时，不考虑焊缝余高，焊缝计算长度取实际长度，计算厚度取两板中较薄者。如果焊缝的许用应力与基本金属的相等，可不必进行强度计算。只需根据钢材的强度，选用相应强度的焊接材料，并焊透钢板获得优质的焊缝即可。

全部焊透的对接接头可承受各种类型的载荷，如图 3-13 所示，包括拉伸力 F、压缩力 F'、剪力 F_S、板平面内弯矩 M_1、垂直板面弯矩 M_2 等。

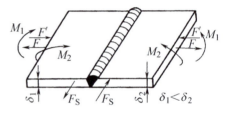

图 3-13　对接接头的受力情况

不完全焊透的对接接头，在强度计算时其计算厚度一般低于实际焊透深度，如不封底的对接焊缝的计算厚度为较薄板的 5/8。

（1）受拉或受压对接接头的静载强度计算

受拉时

$$\sigma_t = \frac{F}{L\delta_1} \leqslant [\sigma_t'] \tag{3-1}$$

受压时

$$\sigma_p = \frac{F}{L\delta_1} \leqslant [\sigma_p'] \tag{3-2}$$

式中　F——接头所受的拉力或压力（N）；

　　　L——焊缝长度（mm）；

　　　δ_1——接头中较薄板的厚度（mm）；

σ_t、σ_p——接头受拉或受压时焊缝中所承受的工作应力（MPa）；

　　$[\sigma_t']$——焊缝受拉或受弯时的许用应力（MPa）；

　　$[\sigma_p']$——焊缝受压时的许用应力（MPa）。

例 3-1　两块板厚为5mm、宽为 500mm 的焊件对接在一起，两端受 284000N 的拉力，材料为 Q235A 钢，$[\sigma_t'] = 142$MPa，校核其焊缝强度。

解　已知 $F = 284000$N，$L = 500$mm，$\delta_1 = 5$mm，$[\sigma_t'] = 142$MPa，代入式（3-1）得

$$\sigma_t = \frac{F}{L\delta_1} = \frac{284000\text{N}}{500\text{mm} \times 5\text{mm}} = 113.6\text{MPa} < [\sigma_t']$$

所以该对接接头焊缝强度满足要求，结构工作时是安全的。

（2）受剪切对接接头的静载强度计算

$$\tau = \frac{Q}{L\delta_1} \leqslant [\tau'] \tag{3-3}$$

式中　Q——接头所受的切力（N）；

L——焊缝长度（mm）；

δ_1——接头中较薄板的厚度（mm）；

τ——接头焊缝中所承受的切应力（MPa）；

$[\tau']$——焊缝许用切应力（MPa）。

例3-2　两块板厚为10mm的焊件对接，焊缝受29300N的切力，材料为Q235A钢，设计焊缝的长度（焊件宽度）。

解　由式（3-3）可得

$$L \geqslant \frac{Q}{\delta_1[\tau']}$$

已知 $Q = 29300\text{N}$，$\delta_1 = 10\text{mm}$；由表3-7、表3-8中查得 $[\tau'] = 98\text{MPa}$，代入上式得

$$L \geqslant \frac{29300\text{N}}{10\text{mm} \times 98\text{MPa}} = 29.9\text{mm}$$

取 $L = 30\text{mm}$，当焊缝长度（板宽）为30mm时，该对接接头焊缝强度能满足要求。

（3）受弯矩对接接头的静载强度计算

1）受板平面内弯矩 M_1

$$\sigma = \frac{6M_1}{\delta_1 L^2} \leqslant [\sigma'_t] \tag{3-4}$$

2）受垂直板面弯矩 M_2

$$\sigma = \frac{6M_2}{\delta_1 L^2} \leqslant [\sigma'_t] \tag{3-5}$$

式中　M_1——板平面内弯矩（N·mm）；

M_2——垂直板面弯矩（N·mm）；

L——焊缝长度（mm）；

δ_1——接头中较薄板的厚度（mm）；

σ——接头受弯矩作用时焊缝中所承受的工作应力（MPa）；

$[\sigma'_t]$——焊缝受拉或受弯时的许用应力（MPa）。

2. T形（十字）接头静载强度计算

T形（十字）接头的强度与焊脚尺寸有关，一般根据焊缝强度等于母材金属强度的等强度原则确定焊缝尺寸。普通角焊缝构成的T形（十字）接头，焊脚尺

寸 K 为较薄钢板厚度的 3/4，坡口焊缝熔深 P 等于钢板厚度，如图 3-14 所示。

根据载荷作用的方式不同，T 形（十字）接头静载强度有以下两种计算方法：

（1）载荷平行于焊缝的 T 形（十字）接头的形式 如图 3-15 所示，首先将作用力 F 平移到焊缝根部平面，并同时附加力偶。产生最大应力的危险点是在焊缝的最上端，该点同时有两个切应力起作用：一个是由 $Q=F$ 引起的 τ_Q；另一个是由 $M=FL$ 引起的 τ_M。τ_Q 和 τ_M 是互相垂直的。

合成切应力
$$\tau_{合} = \sqrt{\tau_M^2 + \tau_Q^2} \qquad (3-6)$$

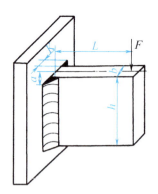

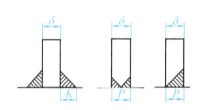

图 3-14 等强度角焊缝和坡口角焊缝

图 3-15 载荷平行于焊缝的 T 形接头

如果 T 形接头开坡口并焊透，强度按对接接头计算，焊缝金属截面积等于母材截面积（$A=\delta h$）；若不开坡口时，其强度计算公式为

$$\tau_M = \frac{3FL}{0.7Kh^2}$$

$$\tau_Q = \frac{F}{1.4Kh}$$

例 3-3 一 T 形接头如图 3-16 所示，已知焊缝金属的许用应力 $[\tau'] = 100\text{MPa}$，设计角焊缝的焊脚尺寸 K。

解 计算 τ_M

$$\tau_M = \frac{3FL}{0.7Kh^2}$$

将原始数据代入上式得

$$\tau_M = \frac{3 \times 75000 \times 200}{0.7 \times K \times 300^2} = \frac{500}{0.7K}$$

计算 τ_Q

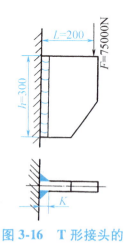

图 3-16 T 形接头的焊脚尺寸设计

$$\tau_Q = \frac{F}{1.4Kh}$$

将原始数据代入上式得

$$\tau_Q = \frac{75000}{1.4 \times K \times 300} = \frac{250}{1.4K}$$

计算 $\tau_合$

$$\tau_合 = \sqrt{\tau_M^2 + \tau_Q^2} = \sqrt{\left(\frac{500}{0.7K}\right)^2 + \left(\frac{250}{1.4K}\right)^2}$$

利用强度校核公式 $\tau_合 \leqslant [\tau']$

即

$$\sqrt{\left(\frac{500}{0.7K}\right)^2 + \left(\frac{250}{1.4K}\right)^2} \leqslant 100\text{MPa}$$

故

$$K \geqslant \frac{\sqrt{\left(\frac{500}{0.7}\right)^2 + \left(\frac{250}{1.4}\right)^2}}{100}\text{mm} \approx 7.4\text{mm}$$

取 $K = 8\text{mm}$

（2）弯矩与板面垂直的T形接头的形式及应力分布　如图 3-17 所示，如开坡口并焊透，其强度按对接接头计算。当接头没开坡口采用角焊缝连接时，强度计算公式如下

$$\tau = \frac{M}{W} \leqslant [\tau'] \tag{3-7}$$

$$W = \frac{L\left[(\delta + 1.4K)^2 - \delta^2\right]}{6(\delta + 1.4K)}$$

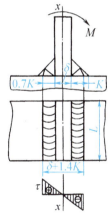

图 3-17　弯矩垂直于板面

第四节　焊接接头的脆性断裂与疲劳破坏

焊接结构在使用中，除结构强度不够时会导致破坏外，还有其他形式的破坏，如脆性断裂、疲劳破坏等。

一、焊接结构的脆性断裂

焊接结构广泛应用以来，曾发生过一些脆性断裂（简称脆断）事故。这些事

故无征兆、突然发生，一般都有灾难性的后果，必须高度重视。引起焊接结构脆断的原因是多方面的，涉及材料的选用、结构设计、制造质量和运行条件等。防止焊接结构脆断是一个系统工程，只靠个别试验或计算方法是不能确保安全使用的。

1. 焊接结构脆断的特点

通过对大量焊接结构脆断事故进行分析，发现焊接结构脆断有以下特点：

1）多数脆断是在环境温度或介质温度降低时发生的，又称为低温脆断。

2）脆断时的应力较低，通常低于材料的屈服极限，往往还低于设计应力，又称为低应力脆性破坏。

3）破坏总是从焊接缺陷处或几何形状突变、应力和应变集中处开始的。

4）破坏时没有或极少有宏观塑形变形产生，一般都有脆断片散落在事故场地周围。断口是脆性的平断口，宏观外貌呈人字纹和晶粒状，根据人字纹的尖端可以找到裂纹源。

5）脆断时，裂纹传播速度极高，一般是声速的1/3左右，在钢中可达1200~1800m/s。当裂纹扩展进入更低的应力区或材料的高韧性区时，裂纹就停止扩展。

6）若模拟断裂时的温度对断口附近的材料做韧性试验，则会发现其韧性均很差，对离断口较远的材料进行力学性能复验，其强度和伸长率往往仍符合原规范要求。

2. 焊接结构脆断的原因

焊接结构产生脆性断裂的原因基本上可归纳为以下4个方面：

（1）材料的塑性和韧性不足　金属材料的韧性随着温度的降低而急剧下降，即使塑性好的材料，在低温下也会产生脆性断裂。

（2）焊缝的粗大组织及热影响区的脆化　出现这种情况会使焊接接头韧性大大降低，这是焊接结构发生脆断的主要原因。

（3）材料中存在裂纹等缺陷　大量事故的调查研究表明，焊接结构产生低应力脆断破坏的根本原因是结构中存在着一定尺寸的焊接缺陷（如裂纹、夹渣、未焊透、气孔和咬边等），而其中以裂纹、未焊透和咬边产生脆性断裂的危险性最大。这些缺陷不仅显著减小材料的实际强度，还大大降低结构的抗断裂能力。

（4）达到足够的应力水平　达到足够的应力水平是产生脆断的另一个重要原因。不正确的设计和不良的制造、安装工艺是产生应力集中及焊接残余应力的主要原因。焊接结构的一个重要特点就是焊接接头具有一定的焊接残余应力，而且往往是拉应力，其纵向残余应力一般可达钢材的屈服强度，这是不可忽视的。对重要的结构如果不采取消除残余应力的措施，会引起脆性失效。另外，焊接时造成的角变形和错边等几何偏差以及预制组装，都会产生严重的附加应力，促进焊接结构的脆性断裂。

3. 影响金属脆断的主要因素

同一种材料，在不同条件下可以显示出不同的破坏形式。金属脆断主要受到材料状态内部因素以及应力状态、温度和加载速度等外界条件的影响。

（1）材料状态的影响　焊接结构的选材，首先要了解材料本身状态对断裂形式的重要影响。

1）材料厚度对脆性破坏的影响。

① 厚板在缺口处容易形成三向应力使材料变脆，因为沿厚度方向的收缩和变形受到较大的限制。而当板较薄时，材料在厚度方向能比较自由的收缩，减小厚度方向的应力，使之接近于平面应力状态。

② 从冶金方面分析，薄板生产时压延量大，轧制温度低，组织致密；而厚板轧制次数少，终轧温度高，组织疏松，内外层均匀性差。

2）晶格种类的影响。脆性断裂通常发生在体心立方和密排六方晶格的金属和合金中，只有在特殊情况下，如应力腐蚀条件下才在面心立方晶格金属中发生。因此，面心立方晶格金属（如奥氏体不锈钢），可以在很低的温度下工作而不发生脆性断裂。

3）晶粒度的影响。对于低碳钢和低合金钢来说，晶粒度对钢的塑性-脆性转变温度也有很大影响，晶粒度越细，其转变温度越低。

4）化学成分的影响。钢中的 C、N、O、H、S、P 均增加钢的脆性，另一些元素如 Mn、Ni、Cr、V，如果加入适量，则有助于减小钢的脆性。

（2）应力状态的影响　物体受外载荷作用时，在主平面上作用有最大正应力 σ_{max}，与主平面成 45°的平面上作用有最大切应力 τ_{max}。如果在 τ_{max} 达到屈服强度前，σ_{max} 先达到抗拉强度，则发生脆断；反之，如 τ_{max} 先达屈服强度，则发生塑性变形或形成延性断裂。

（3）温度的影响　如果把一组开有同样缺口的试样在不同温度下进行试验，就会看到随着温度的降低，它们的破坏方式将从塑性破坏变为脆性破坏。对于一定的加载方式（应力状态），当温度降至某一临界值时，将出现塑性到脆性断裂的转变，这个温度称为脆性转变温度。

（4）加载速度的影响　提高加载速度能促使材料脆性破坏，其作用相当于降低温度。在同样加载速率下，当结构中有缺口时，在应力集中的影响下，应变速率将呈现出加倍的不利影响，从而大大降低了材料的局部塑性。这也说明了为什么结构钢一旦开始脆性断裂，就很容易产生扩展现象。当缺口根部小范围金属材料发生断裂时，则在新裂纹前端的材料立即突然受到高应力和高应变载荷。换句话说，一旦缺口根部开裂，就有高的应变速率，而不管其原始加载条件是动载的还是静载的，此时随着裂纹加速扩展，应变速率更急剧增加，致使结构最后破坏。

4. 预防焊接结构脆性断裂的措施

材料在工作条件下韧性不足，结构上存在严重应力集中（包括设计上和工艺上）和过大的拉应力（包括工作应力、残余应力和温度应力），是造成结构脆性破坏的主要因素。若能有效地解决其中一方面因素所存在的问题，则发生脆断的可能性将显著减小。通常是从选材、设计和制造三方面采取措施来防止结构的脆性破坏。

（1）正确选用材料　选材的基本原则是既要保证结构安全使用，又要考虑经济效益，保证使选用的钢材和焊接用填充金属在使用温度下具有合格的缺口韧性。

1）在结构工作条件下，焊缝、热影响区、熔合区是最容易产生脆断的部位，因此要求母材应具有一定的止裂性能。

2）随着钢材强度的提高，断裂韧性和工艺性一般都有所下降。因此，不宜采用比实际需要强度更高的材料，特别不应该单纯追求强度指标而忽视其他性能。材料的选择可通过缺口韧性试验或断裂韧性评定试验来确定。

（2）采用合理的焊接结构设计　设计有脆性断裂倾向的焊接结构，应当注意以下几个原则：

1）尽量减少结构或焊接接头部位的应力集中。

2）在满足结构使用条件下，尽量减少结构的刚度，以降低应力集中和附加应力。

3）不应通过降低许用应力值来减少脆性的危险性，因为这样的结果将使厚度过分增大，从而提高钢材的脆性转变温度，降低其韧性值，反而易引起脆性断裂。

4）对于附件或不受力焊缝的设计，应与主要受力焊缝一样给予足够重视，防止这些接头部位产生脆性裂纹，以致扩展到主要的受力元件中，使结构破坏。

5）减少和消除焊接残余拉伸应力的不利影响，必要时应考虑消除应力热处理。

（3）正确的制造过程　有脆断倾向的焊接结构制造时应注意：

1）对结构上任何焊缝都应看成是"工作焊缝"，焊缝内外质量同样重要。在选择焊接材料和制订工艺参数方面应同等看待。

2）在保证焊透的前提下减少焊接热输入，或选择热输入量小的焊接方法。因为焊缝金属和热影响区过热会降低冲击韧度，尤其是焊接高强度钢时更应注意。

3）充分考虑应变时效引起局部脆性的不利影响。尤其是结构上受拉边缘，要注意加工硬化，一般不用剪切而采用气割或刨边机加工边缘。若焊后进行热处理则不受此限制。

4）减小或消除焊接残余内应力。焊后热处理可消除焊接残余应力，同时也能消除冷作引起的应变时效和焊接引起的动应变时效的不利影响。

5）严格生产管理，加强工艺纪律，不能随意在构件上打火引弧，因为任何弧坑都是微裂纹源；减少造成应力集中的几何不连续性，如错边，角变形、焊接接头内外缺陷（如裂纹及类裂纹缺陷）等。凡超标缺陷需返修，焊补工作须在热处理之前进行。

二、疲劳破坏

1. 疲劳的基本特征及危害

金属材料、零件和构件在循环应力或循环应变作用下经过较长时间而发生断裂的现象称为疲劳。从许多疲劳破坏现象中观察与研究，发现有以下共同特征。

1）疲劳断裂都经历裂纹萌生、稳定扩展和失稳扩展三个阶段。对于焊接结构裂纹多起源于焊接接头表面几何不连续，引起应力集中的部位。裂纹形成首先从裂纹源处形成微裂纹，随后逐渐稳定地扩展。当裂纹扩展到某一临界尺寸后，构件剩余断面不足以承受外载荷时，裂纹失稳扩展而发生突然断裂。

2）疲劳裂纹宏观断口呈脆性，无明显塑性变形。在断口上可观察到裂纹源、光滑或贝壳状的疲劳裂纹扩展区和粗糙的瞬断区。

3）疲劳破坏具有突发性和灾难性。疲劳裂纹的萌生和稳定扩展不易发现，失稳扩展（断裂）则是突然发生的，没有预兆，难以预防。图3-18所示的飞机起落架的疲劳破坏为典型的焊接结构疲劳断裂实例。

2. 疲劳断裂的原因

疲劳断裂一般从应力集中处开始，而焊接结构的疲劳又往往是从焊接接头处开始，产生疲劳裂纹所需的循环次数也远比其他连接形式少，这是因为焊接接头中容易产生未焊透、夹渣、咬边、裂纹等焊接缺陷，它们往往就是疲劳裂纹源，可直接越过疲劳裂纹的孕育期，加速断裂的过程。另外焊接接头处也存在较严重的应力集中，有较高的焊接残余应力，这些都表明焊接结构更容易产生疲劳裂纹和导致疲劳断裂。

疲劳断裂是由循环应力、拉应力以及塑性应变三者的共同作用而发生的，其中循环交变应力使裂纹形成，而拉应力造成裂纹的扩展，塑性应变则影响整个疲劳过程。

3. 影响疲劳强度的因素

影响焊接接头疲劳强度的因素包括应力集中、构件截面尺寸、表面状态、加载情况及介质等。

（1）应力集中和表面状态的影响　接头部位由于具有不同的应力集中，它们对接头的疲劳强度产生不同程度的不利影响。

对接焊缝的应力集中比其他形式的接头要小，但过大的余高和过渡角都会增大应力集中，使接头的疲劳强度下降。

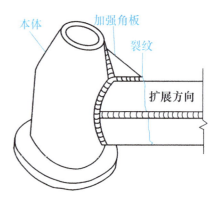

图 3-18　飞机起落架的疲劳破坏

T形（十字）接头在焊缝向母材过渡处有明显的截面变化，其应力集中系数要比对接接头的应力集中系数高，因此，T形（十字）接头的疲劳强度远远低于对接接头。

在搭接接头中应力集中很严重，其疲劳强度也是很低的。

表面状态粗糙相当于存在很多微缺口，这些缺口的应力集中会导致疲劳强度的下降。表面越粗糙，疲劳极限降低得越严重。材料的强度水平越高，表面状态的影响也越大。若焊缝表面波纹过于粗糙，对接头的疲劳强度是不利的。

（2）残余应力的影响　残余应力对结构疲劳强度的影响，取决于残余应力的分布状态。在工作应力较高的区域，如应力集中处，若残余应力是拉伸的，则它降低疲劳强度；反之，该处存在压缩残余应力，则提高疲劳强度。

（3）缺陷的影响　焊接缺陷对疲劳强度的影响大小与缺陷的种类、尺寸、方向和位置有关。片状缺陷（如裂纹、未熔合、未焊透）比带圆角的缺陷（如气孔）影响大；表面缺陷比内部缺陷影响大；位于应力集中区的缺陷比在均匀应力区中的同样缺陷影响大；与作用力方向垂直的片状缺陷的影响比其他方向的大；位于残余拉应力区内的缺陷比在残余压应力区的影响大。

4. 提高疲劳强度的措施

提高焊接接头的疲劳强度，一般采用下列措施：

（1）降低应力集中

1）采用合理的结构型式，减小应力集中，以提高疲劳强度。

提高焊接结构疲劳强度的措施

2）尽量采用应力集中系数小的焊接接头，如对接接头。为进一步提高对接接头的疲劳强度，还可以用机械打磨母材与焊缝之间过渡区，并注意打磨方向应是顺着作用力传递方向打磨，若垂直作用力传递方向打磨，往往取得相反的效果。

3）当采用角焊缝时，须采取综合措施（机械加工焊缝端部，合理选择角接板形状，焊缝根部保证焊透等）来提高接头的疲劳强度。

4）用表面机械加工方法消除焊缝及其附近的各种刻槽，提高表面质量。

在常温静载下工作的焊接结构和在动载或低温下工作的焊接结构，在构造设计上有着不同的要求，后者更要重视细部设计。表3-9列出两种承载情况下构造设计上的差别。

表 3-9　常温下承受静载荷与变载荷的焊接结构在细部设计上的区别

序号	静载荷下工作	变载荷下工作
1		
2		
3		

（续）

序号	静载荷下工作	变载荷下工作
4		
5		
6		
7		
8		
9		

（2）调整残余应力区　消除焊接接头应力集中处的残余应力或使该处产生残余压应力，都可以提高接头的疲劳强度。这种方法可分为两种：一种是结构或元件整体处理；另一种是对接头部分局部处理。

1）整体处理包括整体退火或超载预拉伸法。在循环应力较小或应力循环系数较低，应力集中较高时，残余拉应力的不利影响增大，退火往往是有利的。

采用超载预拉伸方法，可降低残余拉应力，甚至在某些条件下，在缺口尖端处产生残余压应力，往往可以提高接头的疲劳强度。

2）采用局部加热或挤压可以调节焊接残余应力区，在应力集中处产生残余压应力。

（3）改善材料的组织和力学性能　提高材料的冶金质量，减少钢中夹杂物。重要构件可采用真空熔炼、真空除气、甚至电渣重熔等冶金工艺的材料，以保证纯度，从而使材料具有较高的疲劳强度。此外，通过表面强化处理，用小辊挤压或用锤轻打焊缝表面及过渡区，或用小钢丸喷射焊缝区，以提高接头的疲劳强度。

（4）特殊保护措施　大气及介质侵蚀往往会对材料的疲劳强度有影响，因此，采用一定的保护涂层是有利的。例如涂上油漆或镀锌等。在应力集中处涂上含填料的塑料层是一种实用的改进方法。

 综 合 训 练

一、名词解释

1. 焊接接头　2. 对接接头　3. 搭接接头　4. T 形接头　5. 直角接头　6. 对接焊缝　7. 角焊缝　8. 应力集中　9. 正面角焊缝　10. 侧面角焊缝　11. 斜向角焊缝　12. 工作焊缝　13. 联系焊缝　14. 疲劳　15. 应变时效

二、填空题

1. 以熔化焊为例，焊接接头由_____、_____和_____组成。

2. 焊缝金属是由_____及_____熔化结晶后形成的_____组织，其化学成分和组织与母材金属有较大差异。

3. 焊接接头是一个_____、_____和_____都不均匀的连接体。

4. 焊接接头按所采用的焊接方法可分为_____、_____和_____三大类。

5. 根据组对的形式，常用的熔焊接头可分为_____、_____、_____和_____四种。

6. 焊缝是构成焊接接头的主体部分，主要有_____和_____两种基本形式。

7. 对接焊缝的焊接接头可采用卷边、平对接或加工成_____、____

_____或_____等坡口。

8. 开坡口的根本目的，是为了确保接头的质量，同时也从经济效益考虑。坡口形式的选择取决于_____、_____和_____。

9. 角焊缝按其截面形状可分为_____、_____、_____和_____四种。应用最多的是截面为_____的角焊缝。

10. 完整的焊缝符号包括_____、_____、_____、_____及数据等。

11. 应力集中系数的大小与_____和_____有关。

12. _____接头外形的变化不大，所以它的应力集中较小，而且易于降低和消除。因此，_____接头是最好的接头形式，不但_____，而且_____也较高。

13. 根据搭接角焊缝受力的方向，可以将搭接角焊缝分为_____、_____和_____三种。

14. T形接头焊缝向母材金属过渡较急剧，接头中应力分布极不均匀，在_____和_____处，易产生很大的应力集中。

15. 实验证明，在相同的焊脚尺寸的条件下，_____角焊缝的单位长度强度较角焊缝高，而_____角焊缝的单位长度强度介于二者之间。

三、简答题

1. 焊接接头由哪些部分组成？各组成部分有什么特点？

2. 选择焊缝的坡口形式，通常要考虑哪些因素？

3. 焊缝代号的标注规则有哪些？

4. 焊接接头引起应力集中的原因有哪些？

5. 影响焊接接头疲劳性能的因素有哪些？

6. 提高焊接结构疲劳强度的措施有哪些？

7. 焊接结构的脆性断裂有哪些特征？

8. 影响焊接结构脆断的因素有哪些？它们分别是如何影响的？

9. 防止焊接结构脆性破坏的措施有哪些？

焊接结构工艺性分析与工艺制订

 [学习目标]

通过本章的学习，让学生在了解焊接结构工艺性分析的目的、步骤、内容以及焊接工艺规程基本知识、作用、内容与编制步骤的基础上，能够对典型焊接结构进行正确工艺性分析，并能够编制简单的焊接结构工艺规程。

第一节　焊接结构工艺性分析的基本知识

焊接结构工艺性
审查的目的

一、焊接结构工艺性分析的目的

焊接结构的工艺性，是指所设计的焊接结构在具体的生产条件下能否经济地制造出来，并采用最有效的工艺方法的可行性。具有同样使用性能的产品结构可采用不同的生产工艺制造，或简单，或复杂，结果使产品成本出现很大的差别。因此，工艺部门的技术人员必须对产品进行详细的结构工艺性分析，以便确定最佳方案。例如，图4-1a所示的带双孔叉连杆结构型式，装配和焊接不方便；图4-1b所示是采用正面和侧面角焊缝连接，虽然装配和焊接方便，但因为是搭接接头，疲劳强度较低；图4-1c所示是采用锻焊组合结构，使接头成为对接形式，既保证了焊缝强度，又便于装配施焊，可见是比较合理的结构型式。

焊接结构工艺性分析，不能脱离企业生产纲领和生产条件（设备能力、技术水平和焊接方法等）。如图4-2所示的弯头有三种形式，每种形式的工艺性都是适

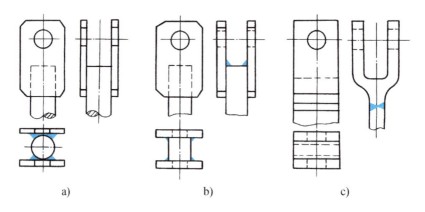

a)　　　　　　　　b)　　　　　　　　c)

图 4-1　双孔叉连杆结构型式

应一定的生产条件。图 4-2a 所示是由两个半压制件和法兰组成的，若是在大量生产并有大型压床的条件下，工艺性是好的（焊缝最少），而图 4-2b、c 所示就不好；图 4-2b 所示是由两段钢管和法兰组成的，在流速低、单件生产或缺乏设备的条件下，工艺性是好的（简便，容易制造），而图 4-2a、c 所示就不好。

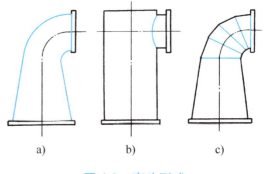

a)　　　　b)　　　　c)

图 4-2　弯头形式

图 4-2c 所示是由许多环形件和法兰组成的，在流速高又是单件生产的条件下，工艺性是好的（性能好，容易制造），而图 4-2a、b 所示就不好。这说明结构工艺性的好坏是相对某一具体条件而言的。总之，焊接结构工艺性分析的主要目的是保证产品结构设计的合理性、工艺的可行性、结构使用的可靠性和经济性。

二、焊接结构工艺性分析的步骤

1. 产品结构图分析

产品图样包括新产品的设计图、继承性设计图和按实物测绘的图样等，由于这些图样的完善程度不同，所以工艺分析的侧重点不同。但是，在产品生产前无论哪种图样都要对图面进行仔细分析，只有图样审查合格后，才能交付生产准备和生产使用。

对图样的基本要求包括以下几个方面。

1）绘制的焊接结构图样，应符合《机械制图》国家标准中的有关规定。

2）图样应齐全，除焊接结构的装配图外，还应有必要的部件和零件图。

3）由于焊接结构一般都比较大，结构复杂，所以图样应选用适当的比例。应选用一组必要的视图和表达方法，能完整地表达出结构的形状、各零部件之间的相对位置和连接方式等。

4）图样上的尺寸标注必须做到正确、完整、清晰、合理。

5）技术要求应该齐全、合理。

6）当图样上不能用图形、符号表示时，应在技术要求中加以说明。

2. 产品结构技术要求分析

焊接结构的技术要求，一般包括使用性能要求和工艺性能要求。使用性能要求是指结构的强度、刚度、耐久性（疲劳、耐磨、耐蚀等），以及在环境介质和温度的相对条件下的几何尺寸稳定性与力学性能、物理性能、致密性要求等；工艺性能要求是指产品结构材料的焊接性、结构的合理性、生产的方便性和经济性。

为了满足焊接结构的技术要求，首先要分析产品的结构，了解焊接结构的工作性质及工作环境，然后必须对焊接结构的技术要求以及所执行的技术标准进行熟悉、消化理解，并结合具体的生产条件来考虑整个生产工艺能否适应焊接结构的技术要求，这样可以做到及时发现问题、提出合理的修改方案，改进生产工艺，使产品全面达到规定的技术要求。

图 4-3 所示为锅筒结构图样及技术要求示意图。

技术要求
1. 按压力容器技术条件制造验收。
2. 锅筒工作压力为 4.2MPa，工作温度 254℃。
3. 锅筒在热处理后以 5.25MPa 压力进行水压实验。
4. 所有开孔的表面粗糙度值均为 $Ra = 0.5\mu m$。
5. 锅筒拼接焊缝由工艺决定。埋弧焊焊剂为 HJ431，焊丝为 H08Mn2Si。
6. 管子焊接焊条为 E4307。
7. 锅筒纵、环焊缝检测按 GB/T 3323.1—2019《焊缝无损检测 第 1 部分：X 和伽玛射线的胶片技术》执行，Ⅱ级以上为合格。
8. 锅筒出厂前外表喷"天蓝色"磁漆。

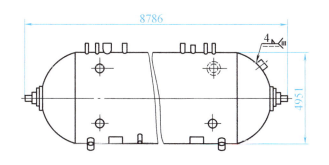

图 4-3 锅筒结构图样及技术要求示意图

三、焊接结构工艺性分析的内容

焊接结构工艺性分析，其内容是从所设计结构的强度、变形与应力、生产工艺性、经济性方面，综合分析结构的合理性。

从减小应力
与变形的角度
分析结构的
合理性

（一）从减小焊接应力与变形的角度分析结构的合理性

1. 尽可能减少焊缝数量和焊缝的填充金属量

这是设计焊接结构时一条最重要的原则。如图 4-4 所示的框架转角，就有两个设计方案。图 4-4a 所示是用许多小肋板构成放射形状来加固转角；图 4-4b 所示是用少数肋板构成屋顶的形状来加固转角。图 4-4b 所示的方案不仅提高了框架转角处的刚度与强度，而且焊缝数量又少，减少了焊后的变形和复杂的应力状态。

2. 尽可能选用对称的构件截面和焊缝位置

焊缝对称于构件截面的中性轴或使焊缝接近中性轴时，焊后能得到较小的弯曲变形。如图 4-5 所示各种截面构件，

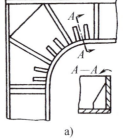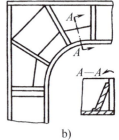

图 4-4　框架转角处加强肋布置的比较

图 4-5a 所示构件的焊缝都在 x-x 轴一侧，最容易产生弯曲变形；图 4-5b 所示构件的焊缝位置对称 x-x 轴和 y-y 轴，焊后弯曲变形较小，且容易防止；图 4-5c 所示构件由两根角钢组成，焊缝布置与截面重心线并不对称，若把距重心线近的焊缝设计成连续的，把距重心线远的焊缝设计成断续的，就能减少构件的弯曲变形。

3. 尽可能地减小焊缝截面尺寸

在不影响结构的强度与刚度的前提下，可以适当减小焊缝截面尺寸或把连续焊缝设计成断续焊缝。

4. 采用合理的装配顺序

对复杂的结构应采用部件组装法，尽量减少总装焊缝数量并使之分布合理，这样能大大减小结构的变形。为此，在设计结构时就要合理地划分部件，使部件的装配焊接易于进行，并且焊后经矫正能达到要求，这样便于总装。由于总装时焊缝数量少，结构的刚性大，焊后的变形就很小。

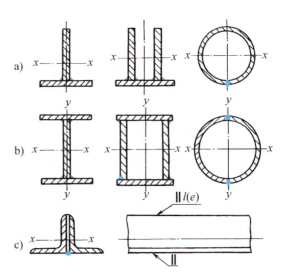

图 4-5　构件截面和焊缝位置与焊接变形的关系

5. 尽量避免焊缝相交

如图 4-6 所示三条角焊缝在空间相交。图 4-6a 所示在交点处会产生三轴应力，使材料塑性降低，同时可焊到性也差，并造成严重的应力集中。若改成图 4-6b 所示形式，就能克服以上缺点。

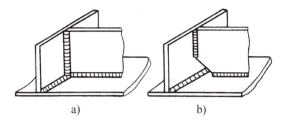

图 4-6　空间相交焊缝的方案比较

（二）从降低应力集中的角度分析结构的合理性

从降低应力集中的角度分析结构的合理性

应力集中不仅是降低疲劳强度的主要原因，而且也是降低材料塑性引起结构脆断的主要原因，它对结构强度有很坏的影响。为了减少应力集中，应尽量使结构表面平滑过渡并采用合理的接头形式。一般常从以下几个方面考虑：

1. 尽量避免焊缝过于集中

如图 4-7a 所示用 8 块小肋板加强轴承套，许多焊缝集中在一起，存在着严重的应力集中，不适合承受动载荷。如果采用图 4-7b 所示的形式，不但降低了应力集中，工艺性也得到了改善。

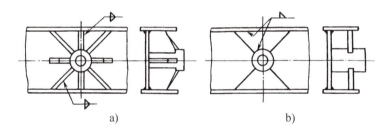

图 4-7　肋板的形状与位置比较

图 4-8 中上面一组焊缝布置，都有不同程度的应力集中，而且可焊到性差，若改成下面对应的所示结构，其应力集中和可焊到性都会得到改善。

2. 尽量采用合理的接头形式

对于重要的焊接接头应开坡口，防止因未焊透而产生应力集中。应设法将角接接头和 T 形接头改为应力集中系数小的对接接头，如图 4-9 所示。将图 4-9a 所示的接头转化为图 4-9b 所示的形式，实质上是把焊缝从应力集中大的位置转移到应力集中小的地方，同时也改善了接头的工艺性。

3. 尽量避免构件截面的突变

在截面突变的地方必须采用圆滑过渡或平缓过渡，不要形成尖角；在厚板与薄板或宽板与窄板对接时，均应在板的接合处有一定斜度，使之平滑过渡。

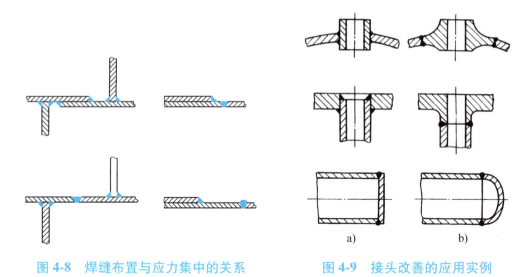

图 4-8　焊缝布置与应力集中的关系　　图 4-9　接头改善的应用实例

4. 应用复合结构

复合结构具有发挥各种工艺长处的特点，它可以采用铸造、锻造和压制工艺，将复杂的接头简化，把角焊缝改成对接焊缝。不仅减小了应力集中，而且改善了工艺性。图 4-10 就是采用复合结构，把角焊缝改为对接焊缝的实例。

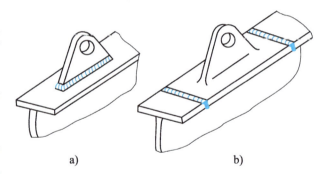

图 4-10　采用复合结构的应用实例

a）原设计的板焊结构　b）改进后的复合结构

（三）从焊接生产工艺性角度分析结构的合理性

1. 从接头的可焊到性进行分析

可焊到性是指结构上每一条焊缝都能很方便的施焊。在工艺分析时要注意结构的可焊到性，避免因不易施焊而造成焊接质量不合格。图 4-11a 所示结构没有必需的操作空间，很难施焊。如果改成图4-11b 所示的形式，就具有良好的可焊到性。

厚板对接时，一般应开成 X 形或双 U 形坡口，若在构件不能翻转的情况下，就会造成大量的仰焊焊缝，增加了劳动强度，焊缝质量也很难保证，这时就必须采用 V 形或 U 形坡口来改善其工艺性。

2. 从接头的可检验性分析

接头的可检验性主要是指接头检测面的可接近性。对于焊接质量要求越高的接头，越要注意接头的可检验性。对高压容器，其焊缝往往要求 100% 射线检验。图 4-12a 所示接头就无法进行射线检验或检验结果无效，应改为图 4-12b 所示的接头形式。

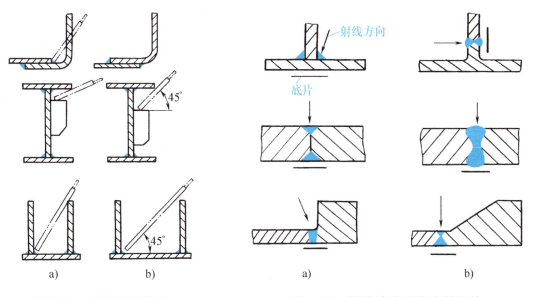

图 4-11　可焊到性比较　　　　　　图 4-12　射线检验可检验性比较

3. 从材料的焊接性分析

尽量选用焊接性良好的材料来制造焊接结构。从我国实际资源出发，许多焊接结构都选用低合金高强钢来制造。低合金高强钢具有强度高，塑性、韧性好，焊接性及其他加工性能好的特点。使用这类钢不仅能减小结构质量，还能延长结构的使用寿命，减少维修费用等。

（四）从焊接生产经济性角度分析结构的合理性

1. 合理利用材料

一般说来，零件的形状越简单，材料的利用率就越高。图 4-13 所示为法兰盘备料的三种方案，图 4-13a 所示是用压力机落料而成的，图 4-13b 所示是用扇形料拼接的，图 4-13c 所示是用气割板条热弯而成的。材料的利用率按图 4-13a、b、c 所示方案顺序提高，但所需工时也按此顺序增加，要综合比较才能确定哪种方案好。若法兰

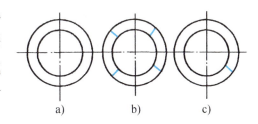

图 4-13　法兰盘备料方案比较

直径小，生产批量大，则应选图 4-13a 方案；若法兰直径大且窄，批量又小，应选用图 4-13c 方案；而尺寸大，批量也大时，图 4-13b 方案就更显优越。又如，图 4-14 所示为锯齿合成梁，如果用工字钢通过气割按图 4-14a 所示下料，再焊成锯齿合成梁，就能节省大量的钢材和减少焊接工时。

2. 减少焊接生产劳动量

（1）合理地确定焊缝尺寸　确定工作焊缝的尺寸，通常用等强度原则计算求得。但只靠强度计算有时还是不够的，还必须考虑结构的特点及焊缝布局等问题。例如，焊脚小而长度大的角焊缝，在强度相同的情况下具有比大焊脚、短焊缝省料省时的优点，图 4-15 所示中焊脚为 K、长度为 $2L$ 和焊脚为 $2K$、长度为 L 的角焊缝强度相等，但焊条消耗量前者仅为后者的一半。

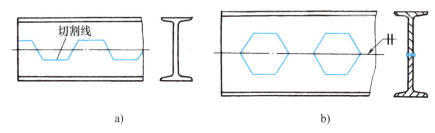

a)　　　　　　　　　b)

图 4-14　锯齿合成梁

（2）尽量取消多余加工　对单面坡口背面不进行清根处理的对接焊缝，若通过修整焊缝表面来提高接头的疲劳强度是多余的，因为焊缝背面依然存在应力集中。对结构中的联系焊缝，若要求开坡口

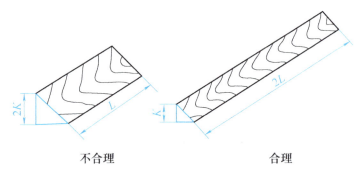

不合理　　　　　　　合理

图 4-15　等强度的长短角焊缝

或焊透也是多余的，因为焊缝受力不大。用盖板加强对接接头是不合理的设计，如图 4-16 所示，因钢板对接后能达到与母材等强度，如果再焊上盖板，会使焊缝应力集中，反而降低结构承受动载荷的能力。

（3）尽量减少辅助工时　焊接结构生产中辅助工时一般占有较大比例，减少辅助工时对提高生产率有重要意义。结构中焊缝所在位置应使焊接设备调整次数最少，焊件翻转的次数最少。图 4-17 所示为箱形截面构件，图 4-17a 设计为对接焊缝，焊接过程翻转 1 次，就能焊完 4 条焊缝；图 4-17b 设计为角焊缝，如果采用"船形"位置焊接，需要翻转焊件 3 次，若用平焊位置焊接则需多次调整机头。从焊前装配来看，图 4-17a 所示方案也比图 4-17b 要容易些。

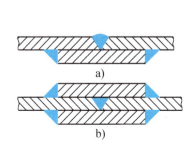

图 4-16　加盖板的对接接头

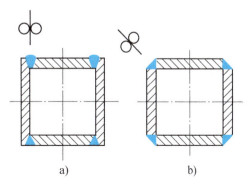

图 4-17　箱形截面构件

a）对接焊缝　b）角焊缝

（4）尽量利用型钢和标准件　型钢具有各种形状，经过相互组合可以构成刚性更大的各种焊接结构。对同一种结构如果用型钢来制造，其焊接工作量比用钢板制造要少得多。图 4-18 为一根变截面工字梁结构，图 4-18a 是由三块钢板组成的，如果用工字钢组成，可将工字钢用气割分开（如图 4-18c 所示），再组装焊接起来（如图 4-18b 所示），就能大大减少焊接工作量。

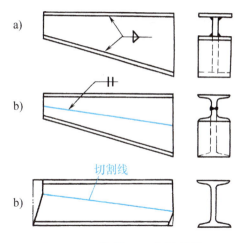

图 4-18　变截面工字梁结构

3. 采用先进的焊接技术

当产品批量大、数量多的时候，应该考虑制造过程的机械化和自动化。埋弧焊的熔深比焊条电弧焊大，有时不需开坡口，从而节省工时；采用 CO_2 气体保护焊时，不仅成本低、变形小，且不需要清渣。在设计结构时，应使接头易于使用上述较先进的焊接方法。

第二节　典型焊接结构工艺性分析

一、轮的结构工艺性分析

在重型机器中许多过去用铸造方法制作的大中型机械零件，如轮、卷筒、轴承座、连杆等，已越来越多地改用焊接方法来制造。设计这类机械零件的焊接结构，最容易受传统铸造或锻造的机械零件结构型式的影响。因此，对其结构型式应仔细审查。下面以轮结构为例进行介绍。

1. 轮的工作特点

机器传动中的齿轮、飞轮、带轮等统称为轮。轮在工作时可能受到下列作用力：

1）轮自身转动时产生的离心力。

2）由传动轴传给的转动力矩或由外界作用的圆周力。

3）由于工作部分结构形状和所处的工作条件不同而引起的轴向力和径向力。

4）由于各种原因引起的振动和冲击力。

为保证轮工作平稳，轮的结构必须具有轴对称性，它的几何形状多为比较紧凑的圆盘状或圆柱状。

2. 轮体的结构

轮体上的轮缘、辐板和轮毂是按它们在轮体内所处的位置、作用和结构特征来划分的。

（1）轮缘　位于基体外缘，与工作部分相连，起支承与夹持工作部分的作用。

（2）辐板　辐板位于轮缘和轮毂之间，它的构造对轮体的强度和刚度以及结构的质量有重要影响。辐板的种类有板式和条式两种。

（3）轮毂　它是轮体与轴相连的部分，转动力矩是通过它与轴之间的过盈配合或键进行传递的。它的结构是简单的圆筒体，其内径与轴的外径相适应。

3. 焊接齿轮结构分析

齿轮毛坯多为铸件，但当齿轮直径大于 1m 时，仍采用铸造工艺生产时，则废品率高，生产成本高。另外，齿轮只用一种材料制作，往往不能满足齿轮的工作特性。若改为焊件，则可选用不同的材料以满足齿轮各部位的工作要求。如轮缘、轮毂的表面受力大，可选用强度高的低合金钢制作；而辐板传递载荷，需要足够的韧性，强度要求可低些，选用 Q235 或低碳钢制作。铸造齿轮为一整体，轮缘与辐板、辐板与轮毂之间壁厚相差较大，易产生铸造应力而导致裂纹；更何况铸铁的焊接性较差，难于焊接和修补而导致报废。而焊接轮可以分开制造，最后总装。图 4-19 所示为轮缘的生产方式，图 4-19a 为分段锻造后拼焊；图 4-19b 为利用钢板气割下料后拼焊；图 4-19c 为钢板卷圆后焊成筒体，然后逐个切割下来，可合理使用材料。

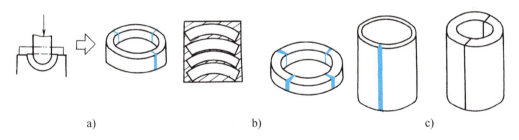

图 4-19　轮缘的生产方式

图 4-20 所示为焊接齿轮毛坯结构，图 4-20a 为双辐板的齿轮结构，其接头形式为 T 形接头的角焊缝，由于轮缘和轮毂对焊缝刚性拘束应力大，整圈连续的焊接必将产生裂纹，因此这种结构不合理。若把辐板结构改为图 4-20b 所示的双辐条形式，既可减少焊缝数量缓和应力，又可减小结构的质量。其辐条均匀分布在轮缘上，大大减小了焊接应力。但单个辐条较窄，强度低，且焊接生产时，装配较困难，不易实现自动焊，因此其结构也不尽合理，一般在辐条形状简单，负载不大的轮体中采用单排辐条齿轮结构。

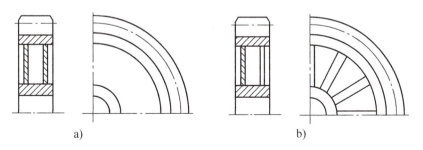

图 4-20　焊接齿轮毛坯结构

由以上分析可知，轮的结构应做到整体结构匀称和紧凑，使焊缝分布相对于转动轴线均匀对称，保证机械平衡；同时要合理使用金属材料并注意材料的焊接性；轮结构接头形式及辐板的布置应尽量减小焊缝集中，并在应力集中部位采用大圆角过渡。另外，结构型式也不必局限于传统件结构，应发挥焊接工艺的特长，巧妙地组合各构件，从而达到事半功倍的效果。

二、型钢桁架的结构工艺性分析

桁架是主要用于承受横向载荷的梁类结构，还可以做机器骨架及各种支承塔架（如电视塔）。一般来说，当构件承载小、跨度大时，采用桁架做梁具有节省钢材、质量小，可以充分利用材料的优点。同时，桁架运输和安装方便，制造时易于控制变形。但桁架节点处均用短焊缝连接，装配费工，难于采用自动化、高效率的焊接方法。因此，一般认为跨度大于30m，载荷较小时，使用桁架是比较经济的。

1. 桁架的技术参数

桁架的主要技术参数是跨度和高度。起重机桁架的跨度是指桥架两轨道之间的距离，桁架弦杆轴线之间最大间距称为桁架高度。

2. 型钢桁架节点结构分析

为了保证桁架结构的强度和刚度，桁架杆件截面所用的型钢种类越少越好，且杆件所用角钢一般不得小于∟50mm×50mm×5mm，钢板厚度不小于5mm，钢管壁厚不小于4mm。杆件截面宜用宽而薄的型钢组成，以增大刚度。

从桁架的技术要求及生产工艺看，分析桁架节点的主要目的是防止在节点处产生附加力矩及减小节点处应力集中。图4-21所示为屋顶桁架A处节点结构设计的四种型式。图4-21a所示节点的几何中心线不重合，将产生附加力矩，同时件1、2、3间距小，使施焊比较困难；图4-21b所示节点的几何中心线重合，附加力矩小，但其型钢1、3与件4的过渡尖角大，易在尖角处形成应力集中；图4-21c所示节点选用连接板4，使件1、2、3与件4的焊缝过长，焊后易使桁架产生变形，且增加了装配工作量，浪费材料；图4-21d所示节点结构采用带弧形的连接

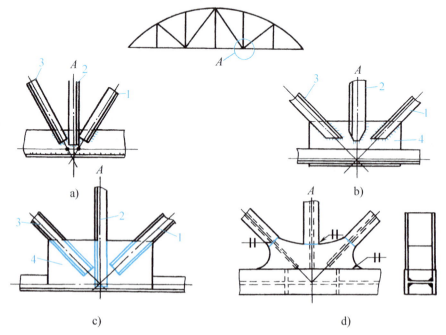

图4-21 几种节点结构型式比较

板，降低了节点的应力集中，提高了节点的承载力。为使焊缝不致太密集，并有足够长度，以满足强度要求，桁架节点处应多设置节点板，原则上桁架节点板越小越好；节点的形状越简单、切割次数越少越好，最好采用矩形、梯形和平行四边形。

综上所述，要使型钢桁架节点结构合理，必须做到以下几点：

1）杆件截面的重心线应与桁架的轴线重合，在节点处各杆应汇交于一点。

2）桁架杆件宜直切或斜切，不可尖角切割。

3）在铆接结构中，桁架的节点必须采用节点板；焊接桁架可有可无节点板。当采用节点板时，其尺寸不宜过大，形状应尽可能简单。

4）角钢桁架弦杆为变截面时，应将接头设在节点处。为便于拼接，可使拼接处两侧角钢肢背齐平。

第三节　焊接结构生产工艺规程的基本知识

一、生产过程和工艺过程

通过人们的劳动使原材料或零件毛坯的形状和性质发生变化的过程，称为生产过程。在生产过程中，除了进行一些直接改变工件形状或性质的主要工作，还要进行一部分辅助工作，如原材料的准备、原材料或零件的运输、产品的包装等。因此说，生产过程是从原材料（或毛坯）到成品（或半成品）之间所有劳动过程的总和。

为了生产某一产品，要经过一个或几个不同的加工工艺过程来完成。如齿轮的制造，要经过铸造（或锻造）毛坯、退火处理、机加工铣齿（或磨齿）、高频淬火等不同生产加工的工艺过程。所谓工艺过程是指逐步改变工件状况的那一部分生产过程。如铸造、焊接、热处理、机加工、冲压等。原材料经过整个生产过程中一系列的加工工艺过程后，得到人们需要的产品。所以说，工艺过程是产品生产过程中处理某一技术问题所采取的技术措施。

二、工艺过程的组成

焊接结构产品的工艺过程是指由金属材料（包括板材、型材和其他零部件）经过一系列加工工序，组装成焊接结构的过程。

1. 工序

金属结构的制造过程不可能只在一个地点完成，往往是在多个地点，由多组人员使用多台设备共同完成的。工序是指一个（或一组）工人，在一个工作地点，对一个（或几个）工件连续完成的那部分工艺过程。工序是组成工艺过程的基本单元。工序划分的主要依据有以下两点。

1）工作地点是否改变，改变即进入新的工序。

2）加工是否连续，不连续就是两个工序。

焊接结构生产工艺过程的主要工序有放样、划线、下料、成形加工、边缘加工、装配、焊接、矫正、检验、涂装等。对于一个产品，其主要工序形成的工艺过程简称工艺路线或工艺流程。

2. 工位

工位是工序的一部分。在某一工序中，工件所用的加工设备和所处的加工位置是在变化的。工件在加工设备上所占的每一个工作位置称为工位。例如，在转胎上焊接工字梁上的四条焊缝，如果用一台焊机，工件需转动四个角度，即有四个工位，如图4-22a所示。如果用两台焊机，焊缝1、4同时对称焊→翻转→焊缝2、3同时对称焊，工件只需装配两次，即有两个工位，如图4-22b所示。

3. 工步

工步是工艺过程的最小组成部分，它还保持着工艺过程的一切特性。在一个工序内工件、设备、工具和工艺规范均保持不变的条件下所完成的那部分动作称为工步。构成工步的某一因素发生变化时，一般认为是一个新的工步。例如，厚板开坡口对接多层焊时，打底层用CO_2气体保护

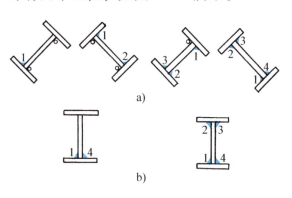

图 4-22　工字梁焊接工位

a）四个工位　b）两个工位

焊，中间层和盖面层均用焊条电弧焊，一般情况下，盖面层选择的焊条直径较粗，电流也大一些，则这一焊接工序是由三个不同的工步组成。

三、焊接工艺规程的作用

焊接工艺规程是将焊接工艺过程的内容，按一定格式写成的技术文件。它是以科学理论为指导，结合现场的生产条件，在实践的基础上总结制订出来的。具

体地说，焊接工艺规程的作用有以下几个方面。

1. 工艺规程是指导焊接生产的主要技术文件

按照焊接工艺规程进行生产，能保证工人在安全的条件下实现产品质量稳定，可靠地达到用户的要求，提高劳动生产率，获得良好的经济效益。

2. 工艺规程是生产组织和生产管理的基本依据

根据工艺规程，工厂可以进行各方面的生产技术准备工作，如焊接材料（焊条、焊丝、气体、焊剂）的准备、钢铁材料的准备、设备的调试与检修和人员的安排等，并及时调度生产任务，调整生产计划。在整个工艺实施中，还可随时随地监控到整个生产过程，减少废品的产生。

3. 工艺规程是新建工厂或扩建、改建旧厂的技术基础

在新建工厂或扩建、改建旧工厂、车间时，只有根据生产纲领和工艺规程才能进行车间平面设计、选择设备、确定生产人员及安排辅助部门等。

4. 工艺规程是交流先进经验的桥梁

学习和借鉴先进企业的工艺规程，可以大大地缩短企业研制和开发的周期。同时企业之间的相互交流，能提高技术人员的专业能力和技术水平。

四、焊接工艺规程的种类

在现代焊接结构生产中使用的焊接工艺规程，基本上有以下三种形式。

（1）专用焊接工艺规程　只适用于某类焊接结构特定接头的焊接，且必须经相应的焊接工艺评定加以验证。这些焊接结构的生产，大多必须接受国家质量监督部门的检查，并要求严格执行相关的国家标准或制造规程。如锅炉、压力容器、管道、船舶和重载钢结构等。这种焊接工艺规程必须由生产企业自行编制，不得借用其他生产企业类似的焊接工艺规程，也不得委托其他单位编制。企业必须重视并组织好专用焊接工艺规程的编制工作。

（2）标准焊接工艺规程　是企业在积累多年的焊接生产经验的基础上，为采用标准的结构材料和焊接材料，并以最通用的焊接工艺方法焊接的标准形式的接头和坡口编制的焊接工艺规程。它不再需要通过相应的焊接工艺评定加以验证，经过规定的审批程序后，可直接用于指导焊接生产。

（3）通用焊接工艺规程　主要用于非承载焊缝和对接头力学性能无特定要求的焊件。其编制依据是企业多年积累的焊接生产经验。对焊缝质量的要求主要是外形尺寸和外表形状应符合标准规定。因此，无须经过焊接工艺评定验证，编制人员应对所适用的焊接工艺具有丰富的实践经验和专业知识。同时在通用焊接工艺规程上，应明确规定其适用范围。通用焊接工艺规程的格式、项目和内容，基本上与标准焊接工艺规程相同，只是所规定的各种焊接参数范围相对较宽。

第四节　焊接结构工艺规程的编制

工艺规程一旦确定下来，任何人都必须严格遵守，不得随意改动。但是随着时间的推移，新工艺、新技术、新材料、新设备的不断涌现，某一工艺规程在应用一段时间后，可能相对会变得落后，所以应定期对工艺规程进行修订和更新，不然工艺规程将失去指导意义。

一、编制工艺规程的依据

编制工艺规程时，工艺人员必须熟悉产品的特点、工厂的生产能力等必要的原始资料，其中包括：

1. 产品图样

产品图样是编制焊接工艺规程的基础，图样包括焊接结构总装图和零、部件图。从总装图中可以掌握产品结构的技术要求和特点、焊缝的位置、材料的牌号及壁厚、检验方法和验收标准等。从零、部件图可以掌握零、部件的焊接方法、材料、坡口型式等资料。编制人员在掌握这些资料后，就可对设计图样和技术要求进行分析，认为不妥之处应与用户或设计者及时沟通，双方共同协商解决，根据最终图样和技术要求确定焊接制造工艺。

2. 国家标准和部颁标准

目前，关于焊接方面的国家标准和行业标准已经很多，内容涉及产品研制、开发、生产、检验有关的方方面面。要求工艺人员在编制工艺规程时，查阅相关规定，使工艺规程符合这些标准。

3. 产品的生产纲领和生产类型

生产纲领是指某产品或零部件在一年内的产量（包括废品）。按照生产纲领的大小，焊接生产可分为三种类型：单件生产、成批生产、大量生产。生产类型的划分见表4-1。不同的生产类型，其特点是不一样的，因此所选择的加工路线、设备情况、人员素质、工艺文件等也是不同的。

表4-1 生产类型划分

生产类型		产品类型及同种零件的年产量/件		
		重型	中型	轻型
单件生产		5以下	10以下	100以下
成批生产	小批生产	5~100	10~200	100~500
	中批生产	100~300	200~500	500~5000
	大批生产	300~1000	500~5000	5000~50000
大量生产		1000以上	5000以上	50000以上

（1）单件生产 当产品的种类繁多，数量较小，重复制造较少时，其生产性质可认为是单件生产，编制其工艺规程时，应选择适应性较广的通用装配焊接设备、起重运输设备和其他工装设备，这样可以最大限度地避免设备的闲置，使用机械化生产是得不偿失的，所以可选择技术等级较高的工人进行手工生产。应充分挖掘工厂的潜力，尽可能降低生产成本。编制的工艺规程应简明扼要，只需粗定工艺路线并制订必要的技术文件。

（2）大量生产 当产品的种类单一，数量很多，工件的尺寸和形状变化不大时，其性质接近于大量生产，因为要长时间重复加工，所以宜采用机械化、自动化水平较高的流水线生产，每道工序都由专门的机械和工装完成，加工同步进行，生产设备负荷越大越好。对于大量生产的产品，要求制订详细的工艺规程和工序，尽可能实现工艺典型化、规范化。

（3）成批生产 成批生产的产品具有周期性重复加工的特点，机械化程度介于单件生产和大量生产之间。应部分采用流水线作业，但加工节奏不同步。应有较详细的工艺规程。

4. 工厂或车间现有的生产条件

编制工艺规程的目的是指导生产，能更好地把产品制造出来。工艺规程应切实可行，不切合工厂生产实际的工艺规程，即使再先进、再合理也是不可取的。编制工艺规程是不能脱离工厂或车间现有的生产条件的。现有生产条件包括以下几种方面。

1）车间现有的生产设备，主要包括卷板机、剪板机、焊机、冲压设备、胎夹具、工艺装备等。

2）车间的辅助能力，主要包括起重能力和运输能力，它们是正常生产的保障。

3）材料的储备情况，包括生产原材料和焊接材料（焊丝、焊条等）。

4）人员状况和管理水平。

二、编制工艺规程的步骤

工艺规程是否合理，直接关系到生产组织能否正常运行。编制的工艺规程既要保证焊接生产质量达到产品图样的各项技术要求，又要有较高的劳动生产率，保证产品在用户的规定期限内交付使用；同时还要减少人力、物力等方面的消耗，节约资金，降低成本。工艺规程编制过程要严谨、细致，其步骤如下。

1. 准备工作

1）汇集所需的各种原始技术资料，做到心中有数。

2）分析研究生产纲领，根据生产类型确定生产工艺的水平。

3）研究产品的特点、技术要求和验收标准。

4）掌握国内外同类产品生产现状及先进的工艺。

2. 产品的工艺过程分析

所谓的工艺过程分析是指对整个焊接产品的结构、材料、加工方法和技术要求进行研究，提出问题并解决问题的过程。通过对产品结构技术要求的分析，寻求产品从原材料到成品的制造过程中所用的工艺方法，预见可能出现的技术难题并加以研究。

3. 拟定工艺路线

拟定工艺路线是把组成产品的零部件的加工顺序排列出来的过程。它是在工艺分析的基础上完成的，是编制工艺规程的总体构思和布局。拟定工艺路线要完成以下内容：

（1）加工方法的确定　包括备料、成形、装配、焊接、矫正、检验等方法。选择加工方法一定要考虑到企业现有的加工能力和产品的生产类型的性质。

（2）加工顺序的确定　合理地安排加工顺序能减少不必要的运输、存储工作，同时能使各个工序衔接紧凑，提高生产率。这里尤其要注意装配-焊接顺序的确定，零部件的装配-焊接和最后的总装顺序不同，结构的残余应力和变形是不一样的，因此对产品的尺寸、加工质量有很大影响。

（3）加工设备和工装的确定　根据加工方法选择合适的加工设备和工装。

拟定工艺路线和工艺过程分析的关系十分密切，拟定工艺路线的过程就是产品生产方案论证、确定的过程。产品的工艺路线并不是唯一的，要对不同的工艺路线进行分析，确定最合理、经济的工艺路线。在拟定工艺路线时，从粗略到详细，最后经过试验或试生产确定最佳方案。设计人员、生产人员、技术人员要对其进行试生产，找出不妥之处加以改进，确定最后的工艺路线，用来填写工艺文件，指导生产。

最佳的工艺路线如下。

1）在保证产品质量的前提下，工艺路线最短，工序少，采用了较为先进的设备和方法，生产率高。

2）设备的利用率高，消耗的材料少，材料的利用率高。

3）在产品制造过程中，生产路线应符合车间的布置，零部件无折返现象。

4）生产中要保证安全，工人劳动强度低，劳动条件好。

5）工艺路线应符合工厂的条件，产品能顺利地制造出来且经济效益可观。

4. 编写工艺规程

拟定的工艺路线经审查、确定后，就要编写工艺文件。工艺文件是生产活动中所遵循的规律和依据，工艺文件有多种形式，如产品零、部件明细表、工艺流程图等。工艺规程是一种重要的工艺文件形式，它反映了设计的基本内容。常用的工艺规程有工艺过程卡片、工艺卡片、工序卡片、工艺守则等，见表4-2。

表4-2 工艺规程常用的文件形式

文件形式	特　点	选用范围
工艺过程卡片	以工序为单位，简要说明产品或零部件的加工或装配过程	单件小批生产
工艺卡片	按产品或零部件的某一工艺过程阶段编制，以工序为单位详细说明各工序内容、工艺参数、操作要求及所用设备与工装	各种批量生产
工序卡片	在工艺卡片基础上，针对某一工序而编制的，比工艺卡片更详尽，规定了操作步骤，每一工步内容、设备、工艺参数、工艺定额等，常用工序简图来表示	大批量生产和单件小批生产中的关键工序
工艺守则	按某一专业工种而编制的基本操作规程，具有通用性	单件、小批多品种生产

与焊接有关的几种工艺规程格式如下。

1）工艺规程幅面和表头、表尾及附加栏，见表4-3。

2）焊接工艺卡片，见表4-4。

3）装配工艺过程卡片，见表4-5。

4）装配工序卡片，见表4-6。

工艺规程的
基本形式

表 4-3　工艺规程幅面、表头、表尾及附加栏格式

工艺规程幅面和表头、表尾及附加栏

表中填写内容：

(1) 企业名称。

(2) 文件名称。

(3)~(6) 按产品图样中的规定填写。

(7) 按 JB/Z 254 规定填写文件编号。

(8)~(9)分别用阿拉伯数字填写每个零件卡片的总页数和顺页数。

(10)、(11) 分别由描图员和校对者签字。

(12)~(14) 表订号。

(15) 填写每次更改所使用的标记，一律用 ⓐ，ⓑ，ⓒ，…填写。

(16) 填写同一次更改处数，一律用 1，2，3，…填写。

(17) 填写更改通知单的编号。

(18) 更改人签字。

(19) 填写更改日期。

(20)~(23) 责任者签字并注明日期。

表 4-4　焊接工艺卡片

焊接工艺卡片		产品型号		产品名称		
		零件图号		零件名称		

序号	图号	名称	材料	件数		
		主要组成件			共 页	第 页
(1)	(2)	(3)	(4)	(5)		

工序号	工序内容	设备	工艺装备	电压或气压	电流或焊嘴号	焊条、焊丝、电极 型号	焊条、焊丝、电极 直径	焊剂	其他规范	工时
(6)	(7)	(8)	(9)	(10)	(11)	(12)	(13)	(14)	(15)	(16)

简图

(17)

描图					设计（日期）	审核（日期）	标准化（日期）	会签（日期）
描校								
底图号								
装订号								
标记	处数	更改文件号	签字	日期				
标记	处数	更改文件号	签字	日期				

注：表中填写内容：
(1) 序号用阿拉伯数字 1、2、3、…填写。
(2)～(5) 分别填写焊接的零部件图号/件名称，材料牌号和件数，按设计要求填写。
(6) 工序号。
(7) 每工序的焊接操作内容和主要技术要求。
(8)、(9) 设备和工艺装备分别填写其型号或名称，必要时写其编号。
(10)～(16) 可根据实际需要填写。
(17) 绘制焊接简图。

表4-5 装配工艺过程卡片

装配工艺过程卡片		产品型号		零件图号		共 页
		产品名称		零件名称		第 页
工序号	工序名称	工 序 内 容	装配部门	设备及工艺装备	辅助材料	工时定额/min
(1)	(2)	(3)	(4)	(5)	(6)	(7)
8	12	8×61	12	60	40	10
			8			
描图				设计（日期）	审核（日期）	标准化（日期）	会签（日期）
描校							
底图号							
装订号							
标记	处数	更改文件号	签字	日期	标记	处数	更改文件号	签字	日期			

注：表中填写内容：

(1) 工序号。

(2) 工序名称。

(3) 各工序装配内容和主要技术要求。

(4) 装配车间，工段或班组。

(5) 各工序所使用的设备和工艺装备。

(6) 各工序所需使用的辅助材料。

(7) 各工序的工时定额。

表 4-6 装配工序卡片

			装配工序卡片		产品型号			零件图号				共 页	第 页
					产品名称			零件名称					
10	10	20	(2) 60		(4) 20			(5) 40				(6)	
工序号		工序名称			产品名称			零件名称					
					车间	工段	设备		工艺装备		辅助材料	工序工时	工时定额/min
(1)			简图		10	10	10		50			25	10
					(3) 20	(7)			(10)		(11)		(12)
					20			50				50	10
工步号			工 步 内 容										
(8)			(9)										
	8		91										
							8×8						

								设计（日期）	审核（日期）	标准化（日期）	会签（日期）
描 图			标记	处数	更改文件号	签字	日期				
描 校			标记	处数	更改文件号	签字	日期				
底图号											
装订号											

表中填写内容：
(1) 工序号。
(2) 装配本工序的名称。
(3) 执行本工序的车间名称或代号。
(4) 执行本工序的工段名称或代号。
(5) 本工序使用的设备型号名称。
(6) 本工序工时定额。

(7) 绘制装配简图或装配系统图。
(8) 工步号。
(9) 各工步名称、操作内容和主要技术要求。
(10) 各工步所需使用的工艺装备型号名称或其编号。
(11) 各工步所需使用的辅助材料。
(12) 各工序的工时定额。

注：

5）工艺守则，见表4-7。

表4-7 工艺守则格式

（工厂名称）				（ ）工艺守则（1）			(2)	
							共（3）页	第（4）页
				（5）				
描图 (6)								
描校 (7)								
底图号 (8)						资料来源	编 制 （签字）(18)	（日期）
装订号							审 核 (19)	(23)
						(16)	标准化 (20)	
(9)	(11)	(12)	(13)	(14)	(15)	编制部门	批 准 (21)	
(10)	标 记	处 数	更改文件号	签 字	日 期	(17)	(22)	

注：表中填写内容：

(1) 工艺守则的类别，如"焊接""热处理"等。

(2) 工艺守则的编号（按JB/Z 254规定）。

(3)、(4) 该守则的总页数和顺页数。

(5) 工艺守则的具体内容。

(6)~(15) 填写内容同"表头、表尾及附加栏"的格式（见表4-3）中的(10)~(19)。

(16) 编写该守则的参考技术资料。

(17) 编写该守则的部门。

(18)~(22) 责任者签字。

(23) 各责任者签字后填写日期。

三、焊接工艺规程的编制内容与要求

1. 焊接材料

1）焊接材料包括焊条、焊丝、焊剂、气体、电极和衬垫等。

2）应根据母材的化学成分、力学性能、焊接性能并结合产品的结构特点和使用条件综合考虑，选用合适的焊接材料。

3）焊缝金属的性能应高于或等于相应母材标准规定值的下限或满足图样规定的技术要求。

2. 焊接准备

1）焊接坡口的选择应使焊缝金属填充量尽量少；避免产生焊接缺陷，减小焊接残余变形和应力，有利于操作。

2）坡口制备时，对碳素钢和 $R_m \leqslant 540MPa$ 的碳锰低合金钢，可采用冷、热加工方法；$R_m > 540MPa$ 的碳锰低合金钢、铬钼低合金钢和高合金钢应采用冷加工，若采用热加工，则用冷加工方法去除表面层。

3）焊接坡口应平整，不得有裂纹、分层、夹渣等缺陷，尺寸符合图样规定。

4）应将坡口表面及两侧的水、锈、油污和其他有害杂质清除干净。

5）奥氏体钢坡口两侧应刷防溅剂，防止飞溅沾附在母材上。

6）焊条、焊剂要按规定烘干、保温，焊丝需除油、锈，保护气体应干燥。

7）根据母材的化学成分、焊接性能、厚度、焊接接头拘束度、焊接方法和焊接环境等综合因素确定预热与否及其预热温度。

8）采用局部预热时，应防止局部应力过大，预热范围为焊缝两侧各不小于焊件厚度的 3 倍，且不小于 100mm。

9）焊接设备等应处于正常工作状态，安全可靠，仪表应定期检验。

10）定位焊缝不得有裂纹、气孔、夹渣。

11）避免强行组装。

3. 焊接要求

1）焊接环境的风速：气体保护焊时大于 2m/s，其他焊接方法大于 10m/s；相对湿度大于 90%；雨、雪环境，焊件温度低于 -20℃ 时应采取措施，否则不能焊接。

2）当焊件温度为 0~20℃ 时，应在始焊处 100mm 范围内预热到 15℃ 以上。

3）禁止在非焊接部位引弧。

4）电弧擦伤处的弧坑应补焊并打磨。

5）双面焊时需清理焊根，显露出正面打底的焊缝金属，对于自动焊并经试验能保证焊透的焊缝，可以不做清根处理。

6）层间温度不超过规定的范围，预热焊时层间温度不得低于预热温度。

7）每条焊缝尽可能一次焊完，当焊接中断时，对于冷裂纹较敏感的焊件应及时采取后热、缓冷等措施，重新施焊时，要按规定进行预热。

8）采用锤击法改善焊缝质量时，第一层及盖面层焊缝不应锤击。

4. 焊后热处理

1）根据母材的化学成分、焊接性能、厚度、焊接接头拘束度、产品使用条件和有关标准，综合确定是否需要进行焊后热处理。

2）焊后热处理应在补焊后及压力试验前进行。

3）应尽可能进行整体热处理，当采用分段热处理时，焊缝加热的重叠部分长度至少为1500mm，加热区以外的部分应采取措施防止有害的温度梯度。

4）焊件进炉时炉内温度不得高于400℃。

5）焊件升温至400℃以后，加热区升温速度不得超过200℃/h，最小为50℃/h。

6）焊件升温期间，加热区任意5000mm长度内的温差不得大于120℃。

7）焊件保温期间，加热区的最高温度与最低温度的差值不宜大于65℃。

8）焊件温度高于400℃时，加热区冷却速度不得超过260℃/h，最小为50℃/h。

9）焊件出炉时，炉温不得高于400℃，出炉后应在静止的空气中冷却。

5. 焊缝返修

1）对需要返修的焊接缺陷应分析其产生原因，提出改进的措施，按标准进行焊接工艺评定，编制返修工艺。

2）焊缝同一部位返修次数不得超过2次。

3）返修前将缺陷彻底清除干净。

4）如需预热，预热温度应比原焊缝预热温度适当提高。

5）返修焊缝的质量、性能应与原焊缝相同。

6）要求热处理的焊件，在热处理后进行返修补焊时，必须重做热处理。

6. 焊接检验

1）焊前检验包括：母材、焊接材料、焊接设备、仪表、工艺装备、焊接坡口、接头装配及清理、焊工资格、焊接工艺文件。

2）焊接过程中检验包括：焊接工艺参数、执行工艺情况、执行技术标准及图样规定情况。

3）焊后检验包括：施焊记录、焊缝外观及尺寸、后热及焊后热处理、无损检测、焊接工艺规程、压力试验、密封性试验等。

综 合 训 练

一、名词解释

1. 生产纲领 2. 生产过程 3. 工艺过程 4. 工艺规程 5. 工序 6. 工位

7. 工步 8. 生产纲领

二、填空题

1. 按照生产纲领的大小，焊接生产可分为三种类型：_____、_____、大量生产。

2. 不同的生产类型，其特点是不一样的，因此所选择的_____、_____、人员素质、_____等也是不同的。

3. 为了提高设计产品结构的工艺性，工厂应对所有_____产品和_____产品以及外来产品图样，在首次生产前进行结构工艺性审查。

4. 制造焊接结构的图样是工程的语言，它主要包括_____图样、_____图样和按照实物测绘的图样等。

5. 焊接结构使用要求一般是指结构的_____，以及在工作环境条件下焊接结构的_____、力学性能、_____等。

6. 焊接结构工艺要求则是指组成产品结构材料的_____及结构的_____、生产的经济性和_____。

7. 焊接结构工艺性分析，不能脱离_____和_____。

8. 焊接结构工艺性审查，其内容是从所设计的_____、_____、_____和_____综合审查结构的合理性。

9. 通过工艺过程卡可以了解零件所需的_____、_____和_____。

10. 常用的工艺规程有_____、_____和_____、_____等。

三、简答题

1. 单件生产、大量生产和成批生产各自有什么特点？

2. 焊接结构工艺性审查的目的是什么？

3. 焊接结构工艺性审查的内容有哪些？

4. 从降低应力集中的角度分析结构设计合理性通常考虑哪些方面？

5. 从减小焊接应力与变形的角度分析结构设计合理性通常考虑哪些方面？

6. 从焊接生产工艺性的角度分析结构设计合理性通常考虑哪些方面？

7. 从焊接生产经济性的角度分析结构设计合理性通常考虑哪些方面？

8. 工艺规程有什么作用？编制工艺规程的依据是什么？

9. 编制工艺规程的步骤有哪些？

10. 最佳的工艺路线有何要求？

焊接结构备料及成形加工

  [学习目标]

通过本章的学习，让学生在了解焊接结构备料与成形加工基本程序、熟悉焊接结构备料与成形加工的常用工艺及设备的基础上，能够正确地对给定的典型结构进行备料与成形加工工艺及设备的制订、选择与使用。

第一节　钢材的矫正及预处理

钢板和型钢受轧制、下料和存放不妥等因素的影响，会产生变形或表面产生锈蚀、氧化皮等。因此，必须对变形钢材进行矫正及表面清理工作，才能进行后续工序的加工。这对保证产品质量、缩短生产周期是相当重要的。

一、钢材变形的原因

1. 轧制过程中引起的变形

钢材轧制时，如果轧辊弯曲，轧辊间隙不一致等，会使板料在宽度方向的压缩不均匀。延伸得较多的部分受延伸较少部分的拘束而产生压缩应力，而延伸较少部分产生拉应力。因此，延伸得较多部分在压缩应力作用下可能产生失稳而导致变形。

2. 钢材因运输和不正确堆放产生的变形

焊接结构使用的钢材，均是较长、较大的钢板和型材，如果吊装、运输和存放不当，钢材就会因自重而产生弯曲、扭曲和局部变形。

3. 钢材在下料过程中引起的变形

钢材下料一般要经过气割、剪切、冲裁、等离子弧切割等工序。气割、等离子弧切割过程是对钢材局部进行加热而使其分离。这种不均匀加热必然会产生残余应力，导致钢材产生变形，尤其是切割窄而长的钢板时，最外一条钢板弯曲得最明显。

二、钢材的矫正原理及允许变形量

钢材在厚度方向上可以假设是由多层纤维组成的。钢材平直时，各层纤维长度都相等，即 $ab = cd$，如图 5-1a 所示。钢材弯曲后，各层纤维长度不

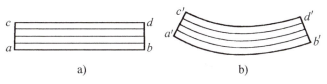

图 5-1　钢材平直和弯曲时纤维长度的变化
a）平直　b）弯曲

一致，即 $a'b' \neq c'd'$，如图 5-1b 所示。可见，钢材的变形就是其中一部分纤维与另一部分纤维长短不一致造成的。矫正是通过采用加压或加热的方式进行的，其过程是把已伸长的纤维缩短，把缩短的纤维伸长。最终使钢板厚度方向的纤维趋于一致。

钢材经矫正后表面不应有明显的凹坑及损伤，且矫正后允许的变形量应符合表 5-1 的允许偏差。

表 5-1　钢材在划线前允许偏差

名　称	简　图	允许偏差/mm
钢板、扁钢的局部挠度		$\delta \geqslant 14,\ f \leqslant 1$ $\delta < 14,\ f \leqslant 1.5$
角钢、槽钢、工字钢、管子的垂直度		$f = \dfrac{L}{1000} \leqslant 5$
角钢两边的垂直度		$\Delta \leqslant \dfrac{b}{100}$
工字钢、槽钢翼缘的倾斜度		$\Delta \leqslant \dfrac{b}{80}$

三、钢材的矫正方法

矫正的方法按钢材的加热温度不同，分为冷矫正和热矫正。冷矫正用于塑性好或变形不大的钢材；热矫正用于弯曲变形过大，塑性较差的钢材，热矫正的加热温度通常为700～900℃。

按作用力的性质不同，又分为手工矫正、机械矫正和火焰矫正及高频热点矫正四种。矫正方法的选用，与材料的形状、性能和变形程度有关，同时与制造厂拥有的设备有关。

1. 手工矫正

手工矫正由于矫正力小，劳动强度大，效率低，所以常用于矫正尺寸较小薄板钢材。手工矫正时，根据刚性大小和变形情况不同，有反向变形法和锤展伸长法。

（1）反向变形法　钢材弯曲变形可采用反向弯曲进行矫正。由于钢板在塑性变形的同时，还存在弹性变形，当外力消除后会产生回弹，因此为获得较好的矫正效果，反向弯曲矫正时应适当过量，见表5-2。

表5-2　反向弯曲矫正

名　称	变形示意图	矫正示意图	矫 正 要 点
钢板			对于刚性较好的钢材，其弯曲变形可采用反向弯曲进行矫正。由于钢板在塑性变形的同时，还存在弹性变形，当外力消除后会产生回弹，因此为获得较好的矫正效果，反向弯曲矫正时应适当过量
角钢			

（续）

名　称	变形示意图	矫正示意图	矫正要点
圆板			对于刚性较好的钢材，其弯曲变形可采用反向弯曲进行矫正。由于钢板在塑性变形的同时，还存在弹性变形，当外力消除后会产生回弹，因此为获得较好的矫正效果，反向弯曲矫正时应适当过量
槽钢			

当钢材产生扭曲变形时，可对扭曲部分施加反扭矩，使其产生反向扭曲，从而消除变形，见表5-3。

表5-3　反向扭曲矫正的应用

名　称	变形示意图	矫正示意图	矫正要点
角钢			当钢材产生扭曲变形时，可对扭曲部分施加反扭矩，使其产生反向扭曲，从而消除变形
扁钢			
槽钢			

（2）锤展伸长法　对于变形较小的钢材可锤击纤维较短处，使其伸长与较长

纤维趋于一致，达到矫正的目的，见表5-4。工件出现较复杂的变形时，其矫正的步骤为：先矫正扭曲，后矫正弯曲，再矫正不平。如果被矫正钢材表面不允许有损伤，矫正时应用衬板或用型锤衬垫。

手工矫正一般在常温下进行，在矫正中尽可能减少不必要的锤击和变形，防止钢材产生加工硬化，给继续矫正带来困难。对于强度较高的钢材，可将钢材加热至700~900℃高温，以提高塑性变形能力，减小变形抗力。

表5-4 锤展伸长法矫正的应用

变形名称		矫正图示	矫正要点
薄板	中间凸起		锤击由中间逐渐移向四周，锤击力由中间轻向四周重
	边缘波浪形		锤击由四周逐渐移向中间，锤击力由四周轻向中间重
	纵向波浪形		用拍板抽打，仅适用初矫的钢板
	对角翘起		沿无翘起的对角线进行线状锤击，先中间后两侧依次进行
扁钢	旁弯		平放时，锤击弯曲凹部；或竖起锤击弯曲的凸部
	扭曲		将扭曲扁钢的一端固定，另一端用叉形扳手反向扭曲

（续）

变形名称		矫正图示	矫正要点
角钢	外弯		将角钢一翼边固定在平台上，锤击外弯角钢的凸部
	内弯		将内弯角钢放置于钢圈的上面，锤击角钢靠立肋处的凸部
	扭曲		将角钢一端的翼边夹紧，另一端用叉形扳手反向扭曲，最后再锤击矫直
	角变形		角钢翼边小于90°，用型锤扩张角钢内角 角钢翼边大于90°，将角钢一翼边固定，锤击另一翼边
槽钢	弯曲变形		槽钢旁弯，锤击两翼边凸起处；槽钢上拱，锤击靠立肋上拱的凸起处

2. 机械矫正

机械矫正是利用三点弯曲使构件产生一个与变形方向相反的变形而恢复平直，机械矫正使用的设备有专用设备和通用设备。专用设备有钢板矫正机、圆钢与钢管矫正机、型钢矫正机、型钢撑直机等；通用设备指一般的压力机、卷板机等。

机械矫正是通过机械动力或液压力对材料的不平直处给予拉伸、压缩或弯曲，机械矫正的分类及适用范围见表5-5。

表 5-5　机械矫正的分类及适用范围

矫正方法	简图	适用范围
拉伸机矫正		薄板、型钢扭曲的矫正，管子、扁钢和线材弯曲的矫正
压力机矫正		中厚板弯曲矫正
		中厚板扭曲矫正
		型钢的扭曲矫正
		工字钢、箱形梁等的上拱矫正
		工字钢、箱形梁等的上旁弯矫正
		较大直径圆钢、钢管的弯曲矫正
撑直机矫正		较长面窄的钢板弯曲及旁弯的矫正
		槽钢、工字钢等上拱及旁弯的矫正

（续）

矫正方法	简 图	适用范围
撑直机矫正		圆钢等较大尺寸圆弧的弯曲矫正
卷板机矫正		钢板拼接而成的圆筒体，在焊缝处产生凹凸、椭圆等缺陷的矫正
型钢矫正机矫正		角钢翼边变形及弯曲的矫正
		槽钢翼边变形及弯曲的矫正
		方钢弯曲的矫正
平板机矫正		薄板弯曲及波浪变形的矫正
		中厚板弯曲的矫正
多辊机矫正		薄壁管和圆钢的矫正
		厚壁管和圆钢的矫正

（1）钢板的矫正　钢板的矫正主要是在钢板矫正机上进行的。当钢板通过多对呈交错布置的轴辊时，钢板发生多次反复弯曲，使各层纤维长度趋于一致，从而达到矫正的目的。图 5-2 所示为钢板矫正机的工作原理。下排轴辊是主动轴辊，由电动机带动旋转；上排轴辊是从动的轴辊，能做上下调节以矫正不同厚度的钢板。一般两端的轴辊

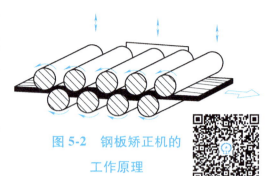

图 5-2　钢板矫正机的
工作原理

钢板矫正机
矫正钢板

是导向辊，能单独上下调节，以引导板料出入矫正机。钢板矫正机有多种形式，轴辊的数量越多，矫正的质量越好，通常 5~11 根辊用于矫正中厚板；11~29 根辊多用于矫正薄板。

当钢板中间平、两边纵向呈波浪形时，应在中间加铁皮或橡胶以辗压中间。当钢板中间呈波浪形时，应在两边加垫板后辗压两边以提高矫平的效果。矫平薄板时，一般可加一块较厚的平钢板做衬垫一起矫正，也可将数块薄板叠在一起进行矫正。矫平扁钢或小块板材时，应将相同厚度的扁钢或小块板材放在一个用作衬垫的钢板上通过矫正机后，将原来朝上的面翻动朝下，再通过矫正机便可矫平。

（2）型钢的矫正　型钢的矫正一般是在多辊型钢矫正机、型钢撑直机和压力机上进行。

1）多辊型钢矫正机矫正。多辊型钢矫正机与钢板矫正机的工作原理相同，矫正时，型钢通过上下两列辊轮之间反复的弯曲，使型钢中原来各层纤维不相等的变为相等，以达到矫正的目的。

图 5-3 所示为型钢矫正机的工作原理。矫正辊轮分上下两排交错排列，使型钢得以弯曲。下辊轮为主动轮，由电动机变速后带动；上辊轮为从动轮，可通过调节机构做上下调

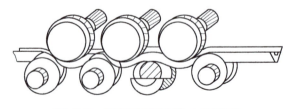

图 5-3　型钢矫正机的工作原理

节，产生不同的压力。辊轮的形状可根据被矫正型钢的断面形状做相应的调换。

2）型钢撑直机矫正。型钢撑直机是利用反变形的原理来矫正型钢的。图 5-4 所示为单头型钢撑直机的工作原理，两个支承 1 之间的距离可调整，间距的大小随型钢弯曲程度而定。推撑 2 由电动机的变速机构、偏心轮带动，做周期性的往复运动，推撑力的大小可通过调节推撑与支承间的距离来实现。型钢撑直机主要

用于矫正角钢、槽钢、工字钢等，也可以用来进行弯曲成形。

3. 火焰矫正

火焰矫正是采用火焰对钢材伸长部位进行局部加热，利用钢材热胀冷缩的特性，使加热部分的纤维在四周较低温度部分的阻碍下膨胀，产生压缩塑性变形，冷却后纤维缩短，使纤维长度趋于一致，从而使变形得以矫正。

火焰加热的方式有点状加热、线状加热和三角形加热三种，火焰矫正的加热位置应选择在金属纤维较长或者凸出部位，如图 5-5 所示。

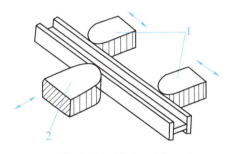

图 5-4　单头型钢撑直机的工作原理

1—支承　2—推撑

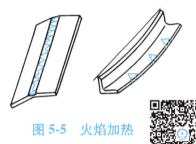

图 5-5　火焰加热的位置

型钢撑直机
撑直型钢

生产中，常采用氧乙炔中性火焰加热，一般钢材的加热温度应在 600~800℃，低碳钢不高于 850℃；厚钢板和变形较大的工件，加热温度取 700~850℃，加热速度要缓慢；薄钢板和变形较小的工件，加热温度取 600~700℃，加热速度要快，严禁在 300~500℃时进行矫正，以防钢材脆裂。

火焰矫正的步骤一般包括：①分析变形的原因和钢结构的内在联系。②正确找出变形的部位。③确定加热的方式、加热位置和冷却方式。④矫正后检验。

火焰矫正的加热方式、适用范围及加热要领见表 5-6。

表 5-6　火焰矫正的加热方式、适用范围及加热要领

加热方式	适用范围	加热要领
点状加热	薄板凹凸不平，钢管弯曲等矫正	变形量大加热点距小，加热点直径适当大些；反之，则点距大，点径小些。薄板加热温度低些，厚板温度高些
线状加热	中厚板的弯曲，T 形、工字梁焊后角变形等的矫正	一般加热线宽度为板厚的 0.5~2 倍，加热深度为板厚的 1/3~1/2。变形越大，加热深度应大些
三角形加热	变形较严重，刚性较大的构件变形的矫正	一般加热三角形高度约为材料宽度的 0.2 倍，加热三角形底部宽度应以变形程度而定，加热区域大，收缩量也较大

为了提高矫正质量和矫正效果，可以施加外力作用或在加热区域用水急冷，但对厚板和具有淬硬倾向的钢材（如低合金高强度钢、合金钢等），不能用水急冷，以防止产生裂纹和淬硬。常用钢材和简单焊接结构件的火焰矫正要点见表5-7。

表 5-7　常用钢材和简单焊接结构件的火焰矫正要点

变形情况		简　图	矫正要点
薄钢板	中部凸起		中间凸部较小，将钢板四周固定在平台上，点状加热在凸起四周，加热顺序如图中数字所示 凸部较大，可用线状加热，先从中间凸起的两侧开始，然后向凸起中间围拢
	边缘呈波浪形		将三条边固定在平台上，使波浪形集中在一边上，用线状加热，先从凸起的两侧处开始，然后向凸起处围拢。加热长度为板宽的1/3~1/2，加热间距视凸起的程度而定，如一次加热不能矫平，则进行第二次矫正，但加热位置应与第一次错开，必要时，可用浇水冷却，以提高矫正的效率
型钢	局部弯曲变形		矫正时，在槽钢的两翼边处同时向一方向做线状加热，加热宽度按变形程度的大小确定，变形大，加热宽度大些
	旁弯		在旁翼边凸起处，进行若干三角形状加热矫正
	上拱		在垂直立肋凸起处，进行三角形加热矫正
钢管	局部弯曲变形		在管子凸起处采用点状加热，加热速度要快，每加热一点后迅速移至另一点，一排加热后再取另一排

（续）

变形情况		简　图	矫正要点
焊接梁	角变形		在焊接位置的凸起处进行线状加热，如板较厚，可两条焊缝背面同时加热矫正
	上拱		在上拱面板上用线状加热，在立板上部用三角形加热矫正
	旁弯		在上下两侧板的凸起处，同时采用线状加热，并附加外力矫正

4. 高频热点矫正

高频热点矫正是在火焰矫正的基础上发展起来的一种新工艺，它可以矫正任何钢材的变形，尤其对尺寸较大、形状复杂的焊件，效果更显著。其原理是：通入高频交流电的感应圈产生交变磁场，当感应圈靠近钢材时，钢材内部产生感应电流（即涡流），使钢材局部的温度立即升高，从而进行加热矫正。加热的位置与火焰矫正时相同，加热区域的大小取决于感应圈的形状和尺寸。感应圈一般不宜过大，否则加热慢，加热区域大，会影响加热矫正的效果。一般加热时间为 4~5s，温度约 800℃。感应圈采用纯铜管制成宽 5~20mm、长 20~40mm 的矩形，铜管内通水冷却。

高频热点矫正与火焰矫正相比，不仅效果显著，生产率高，而且操作简便。

四、钢材的表面清理

对钢材表面进行去除铁锈、油污、清理氧化皮等为后续加工做准备的工艺即原材料的表面清理工艺。原材料表面的氧化皮、锈蚀和油污将对产品的焊接质量产生不可忽视的影响，甚至严重的氧化皮会破坏自动切割过程的连续性。对此，在采用各种高效焊接法的自动生产线中，为确保焊接质量，对材料表面的清洁度也提出了严格的要求。所以原材料的表面清理已成为焊接生产中不可缺少的重要工序。原材料表面清理的方法主要有机械清理法和化学清理法两大类。

1. 机械清理法

机械清理法常用的主要有喷砂、抛丸、手动砂轮或钢丝刷、砂带打磨、刮光或抛光等。喷砂（或抛丸）工艺是将干砂（或铁丸）从专门压缩空气装置中急速喷出，轰击到金属表面，将其表面的氧化物、污物打落，这种方法清理得较彻底，效率也较高。但喷砂（或抛丸）工艺粉尘大，需要在专用车间或封闭条件下进行，同时经喷砂（或抛丸）处理的材料会产生一定程度的表面硬化，对零件的弯曲加工造成不良影响。另外，喷砂（或抛丸）也常用在结构焊后涂装前的清理上。在一些需要表面局部清理的场合，电动机或风动砂轮、砂带打磨也得到了较为广泛的应用。

我国抛丸除锈设备已定型生产，并以预处理生产线的方式投入生产使用。图5-6所示为这种钢材预处理生产线的布置及主要组成设备。其工艺路线为：电磁起重机上料→升降输送→辊道输送→预热（40℃）→抛丸除锈→清理丸料→自动喷漆→烘干（60℃）→快速输送→出料。

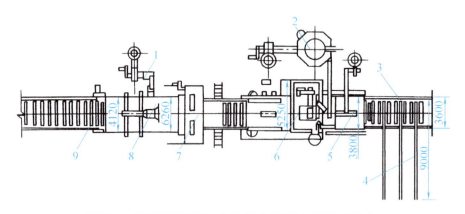

图5-6　钢材预处理生产线的布置及主要组成设备

1—滤气器　2—除尘器　3—进料辊道　4—横向上料机构
5—预热室　6—抛丸机　7—喷漆机　8—烘干室　9—出料辊道

这种钢材预处理生产线既可用于钢板、型钢的表面处理，也可用于金属结构部件的表面清理。钢材经抛丸清理，并喷保护底漆、烘干处理后，既可保护钢材在生产和使用过程中不再生锈，又不影响后续工序的加工。

砂轮砂带磨光机在锅炉、压力容器和管道制造行业的应用较为普遍。大型、大长度焊件的抛丸除锈往往受到抛丸设备规格的限制。对于这些焊件，砂轮砂带表面清理是一种更经济实用的方法。砂轮砂带磨光机作为一种标准的工艺装备已投放市场。砂带磨头的外形结构如图5-7所示。

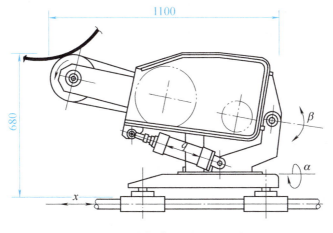

图 5-7　砂带磨头的外形结构

喷砂处理

2. 化学清理法

化学清理法即用腐蚀性的化学溶液对钢材表面进行清理。此法效率高，清理质量均匀且稳定，但成本高，并会对环境造成一定的污染。化学清理法通常用于大批量生产的薄板冲压件。

铝合金的
化学除锈

化学清理法一般分为酸洗法和碱洗法。酸洗法可除去金属表面的氧化皮、锈蚀物等污物；碱洗法主要用于除去金属表面的油污。常用的化学清理法是将钢材浸入质量分数为 2%~4% 的硫酸储槽内，浸泡一定时间后取出，再立即放入质量分数为 1%~2% 的温石灰液槽内。石灰液可中和钢板表面残留的硫酸溶液。钢材从石灰槽内取出后进行烘干，钢材表面会被一层石灰粉覆盖，可防止钢材再度被氧化。

第二节　划线、放样与下料

一、识图与划线

（一）焊接结构的施工图

图样是工程的语言，读懂和理解图样是进行施工的必要条件。焊接结构是钢板和各种型钢为主体组成的，因此表达钢结构的图样就有其特点，掌握了这些特点就容易读懂焊接结构的施工图，从而正确地进行结构件的加工。

1. 焊接结构图的特点

1）一般钢板与钢结构的总体尺寸相差悬殊，按正常的比例关系是表达不出来的，但往往需要通过板厚来表达板材的相互位置关系或焊缝结构，因此在绘制板厚、型钢断面等小尺寸图形时，是按不同的比例夸大画出来的。

2）为了表达焊缝位置和焊接结构，大量采用了局部剖视和局部放大视图，要注意剖视和放大视图的位置和剖视的方向。

3）为了表达焊件与焊件之间的相互关系，除采用剖视外，还大量采用虚线的表达方式，因此，图面纵横交错的线条非常多。

4）连接板与板之间的焊缝一般不用画出，只标注焊缝代号。但特殊的接头形式和焊缝尺寸应该用局部放大视图来表达清楚，焊缝的断面要涂黑，以区别焊缝和母材。

5）为了便于读图，同一焊件的序号可以同时标注在不同的视图上。

2. 焊接结构图的识读方法

焊接结构施工图的识读一般按以下顺序进行：首先，阅读标题栏，了解产品名称、材料、重量、设计单位等，核对各个焊件及部件的图号、名称、数量、材料等，确定哪些是外购件（或库领件），哪些为锻件、铸件或机加工件。再阅读技术要求和工艺文件，正式识图时，要先看总图，后看部件图，最后再看焊件图。有剖视图的要结合剖视图，弄清大致结构，然后按投影规律逐个焊件阅读，先看焊件明细表，确定是钢板还是型钢；然后再看图，弄清每个焊件的材料、尺寸及形状，还要看清各焊件之间的连接方法、焊缝尺寸、坡口形状，是否有焊后加工的孔洞、平面等。

（二）划线

划线是根据设计图样上的图形和尺寸，准确地按 1:1 的比例在待下料的钢材表面上划出加工界线的过程。划线的作用是确定焊件各加工表面的余量和孔的位置，使焊件加工时有明确的标志；还可以检查毛坯是否正确；对于有些误差不大，但已属不合格的毛坯，可以通过借料得到挽救。划线的精度要求在 0.25~0.50mm 范围内。

椭圆形封头的划线

1. 划线的基本规则

1）垂线必须用作图法。

2）用划针或石笔划线时，应紧抵钢直尺或样板的边沿。

3）用圆规在钢板上划圆、圆弧或分量尺寸时，应先打上样冲眼，以防圆规尖滑动。

4）平面划线应遵循先画基准线，后按由外向内、从上到下、从左到右的顺序划线的原则。先画基准线，是为了保证加工余量的合理分布，划线之前应该在工件上选择一个或几个面或线作为划线的基准，以此来确定焊件其他加工表面的相对位置。一般情况下，以底平面、侧面、轴线为基准。

划线的准确度取决于作图方法的正确性、工具质量、工作条件、作图技巧、经验、视觉的敏锐程度等因素。除以上之外还应考虑到焊件因素，即焊件加工成形时如气割、卷圆、热加工等的影响；装配时，板料边缘修正和间隙大小的装配公差的影响；焊接和火焰矫正的收缩影响等。

2. 划线的方法

划线可分为平面划线和立体划线两种。

1）平面划线与几何作图相似，在焊件的一个平面上划出图样的形状和尺寸，有时也可以采用样板一次划成。

2）立体划线是在焊件的几个表面上划线，即在长、宽、高三个方向上划线。

3. 基本线型的划法

（1）直线的划法　直线长不超过1m可用钢直尺划线，划针或石笔向钢直尺的外侧倾斜15°～20°划线，同时向划线方向倾斜。直线长不超过5m用弹粉法划线，弹粉线时把线两端对准所划直线两端点，拉紧使粉线处于平直状态，然后垂直拿起粉线，再轻放。若线较长时应弹两次，以两线重合为准；或是在粉线中间位置垂直按下，左右弹两次完成。直线超过5m用拉钢丝（$\phi 0.5 \sim \phi 1.5mm$）的方法划线。操作时，两端拉紧并用两垫块垫托，其高度尽可能低些，然后用90°角尺下端定出数点，再用粉线以三点弹成直线。

（2）大圆弧的划法　一段直径为十几米甚至几十米的大圆弧，一般的长划规和盘尺不适用，只能采用近似几何作图法或计算法作图。

1）大圆弧的作图法。已知弦长 ab 和弦弧距 cd，先作一矩形 abef（如图5-8a所示），连接 ac，并作 ag 垂直于 ac（如图5-8b所示），以相同数（图上为4等分）等分线段 ad、af、cg，对应各点连线的交点用光滑曲线连接，即为所画的圆弧（如图5-8c所示）。

2）大圆弧的计算法。计算法比作图法要准确得多，一般采用计算法求出准

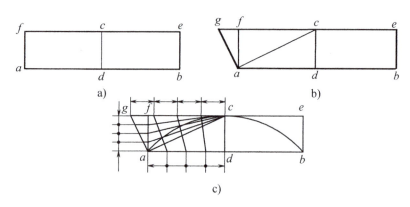

图 5-8　大圆弧的作图法

确尺寸后再划大圆弧。图 5-9 所示为已知大圆弧，半径为 R，弦弧距为 ab，弦长为 cg，求弧高（d 为 ac 线上任意一点）。

作 ed 的延长线至交点 f。

在 $\triangle Oef$ 中，$Oc = R$，$Of = ad$。

所以　　$ef = \sqrt{R^2 - ad^2}$

因为　　$df = aO = R - ab$

所以　$de = \sqrt{R^2 + ad^2} - R + ab$

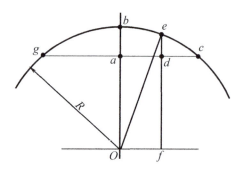

图 5-9　用计算法作大圆弧

上式中，R、ab 为已知，d 为 ac 线上的任意一点，所以只要设一个 ad 长，即可代入式中求出 de 的高，e 点求出后，则大圆弧 $\overset{\frown}{gec}$ 可画出。

4. 型钢的划线

型钢的种类很多，根据截面形状分为简单截面型钢和复杂截面型钢两种。简单截面的型钢有钢管圆方钢、六角钢、扁钢和角钢等；复杂截面的型钢有槽钢、工字钢、钢轨及其他异型钢材等。现以生产中最为常用的角钢和圆钢为例介绍型钢的划线方法。

（1）角钢的划线　以划 300mm 长的角钢为例，具体划线步骤如下：

1）用钢直尺和石笔在角钢上确定两点 A 和 B，使 A、B 两点间距为 300mm，如图 5-10a 所示。

2）用三角尺分别过 A、B 两点划出角钢的截面线，如图 5-10b 所示。

3）用钢直尺检验 A、B 两点的长度。

（2）圆管的划线　圆管的截面形状如图 5-11 所示，划线时常用工具有直边软

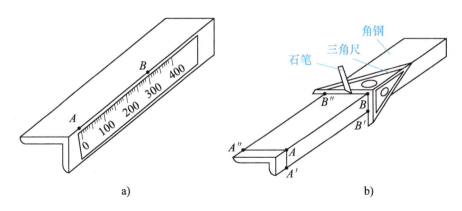

图 5-10　角钢的划线

a）用钢卷尺划 A、B 两点　b）用三角尺划出角钢的截面线

纸皮或薄铁皮、石笔或划针、钢直尺或钢卷尺等。以 300mm 长的圆管为例，具体划线方法如下：

1）用钢直尺和石笔在圆管上确定 A 和 B，使 A、B 两点间距为 300mm。

2）用直边软纸皮分别在 A、B 两点处绕着圆管包一圈，并用石笔沿着软纸皮的直边划线。为了确保划线的精度，软纸皮的厚度一般控制在 1mm 以下。

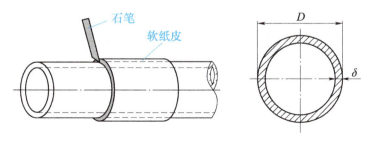

图 5-11　圆管的划线

5. 划线注意事项

1）熟悉结构件的图样和制造工艺，根据图样检验样板、样杆，核对选用的钢号、规格应符合规定的要求。

2）检查钢材表面是否有麻点、裂纹、夹层及厚度不均匀等缺陷。

3）划线前应将材料垫平、放稳，划线时，要尽可能使线条细且清晰，笔尖与样板边缘间不要内倾和外倾。

4）划线时，应标注各种下道工序用线，例如，展开构件的素线位置、弯曲件的弯曲范围或折弯线、中心线、比较重要的装配位置线等，并加以适当标记以免混淆。

5）弯曲焊件排料时，应考虑材料轧制的纤维方向。

6）钢板两边不垂直时一定要去边。划尺寸较大的矩形时，一定要检查对角线。

7）划线的毛坯，应注明产品的图号、件号和钢号，以免混淆。

8）注意合理排料，提高材料的利用率。

二、放样

根据构件的图样，按1∶1的比例或一定比例在放样台或平台上画出其所需要图形的过程称为放样。对于不同行业，如机械、船舶、车辆、化工、冶金、飞机制造等，其放样工艺各具特色，但其基本程序大体相同。

（一）放样方法

放样方法是指将焊件的形状最终画到平面钢板上的方法，主要有实尺放样、展开放样和光学放样等。

1. 实尺放样

根据图样的形状和尺寸，用基本的作图方法，以产品的实际大小划到放样台的工作称为实尺放样。

（1）放样基准　放样基准是焊件上用来确定其他点、线、面位置的依据。一般可根据需要选择以下三种类型之一：

1）图5-12a所示以两个互相垂直的平面（或线）作为基准，焊件上长度方向和高度方向上的尺寸组的标注都以焊件上与该方向垂直的外表面为依据确定的，这两个互相垂直的平面就分别是长度方向、宽度方向的放样基准。

2）图5-12b所示以两条中心线为基准，焊件上长度方向和高度方向的尺寸分别和与其垂直的中心线对称，且其他尺寸也从中心线起始标注。所以这两条中心线就分别是这两个方向的放样基准。

3）图5-12c所示以一个平面和一条中心线为基准，焊件上高度方向的尺寸是以底面为依据，则底面就是高度方向的放样基准；而宽度方向的尺寸对称于垂直底面的中心线，所以中心线就是宽度方向的放样基准。

（2）放样程序　放样程序一般包括结构处理、划基本线型和展开三个部分。结构处理又称结构放样，它是根据图样进行工艺处理的过程。一般包括确定各连接部位的接头形式、图样计算或量取坯料实际尺寸、制作样板与样杆等。划基本线型是在结构处理的基础上，确定放样基准和划出焊件的结构轮廓。展开是对不

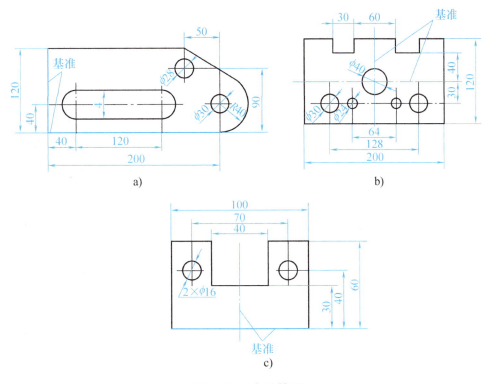

图 5-12 放样基准

a）两个互相垂直的平面 b）两条中心线 c）一个平面和一条中心线

能直接划线的立体焊件进行展开处理，将焊件摊开在平面上。

2. 展开放样

把各种立体的焊件表面摊平的几何作图过程称为展开放样。根据组成焊件表面的展开性质，焊件表面分为可展表面和不可展表面两种。

1）焊件表面能全部平整地摊平在一个平面上，而不发生撕裂或皱折，这种表面称为可展表面，即凡是以直素线为母线，相邻两条直素线能构成一个平面时（即两素线平行或相交）的曲面，都是可展表面，属于这类表面的有平面立体和柱面、锥面等。

2）如果工作的表面，不能自然平整的展开、摊平在一个平面上，就称为不可展表面，即凡是以曲线为母线或相邻两直素线成交叉状态的表面，都是不可展表面，如圆球、圆环的表面和螺旋面都是不可展表面。可展表面展开的方法有平行线展开法、放射线展开法和三角形展开法三种。

（1）平行线展开法 平行线展开法是将立体的表面看作由无数条相互平行的素线组成，相邻两素线及其两端线所围成的微小面积作为平面，只要将每一小平面的真实大小，依次顺序地画在平面上，就得到了立体表面展开图。所以只要立体表面素线或棱线是互相平等的几何形体，如各种棱柱体、圆柱体等都可用平行线展开法展开。

图 5-13 所示为等径 90°弯头的一段，先作其展开图。按已知尺寸画出主视图和俯视图，8 等分俯视图圆周，等分点为 1、2、3、4、5，由各等分点向主视图引素线，得到与上口线交点 1′、2′、3′、4′、5′，则相邻两素线组成一个小梯形，每个小梯形称为一个平面。延长主视图的下口线作为展开的基准线，将圆周展开在展长线上得 1、2、3、4、5、4、3、2、1 各点。通过各等分点向上作垂线，与由主视图 1′、2′、3′、4′、5′上各点向右所引水平线对应点交点连成光滑曲线，即得展开图。

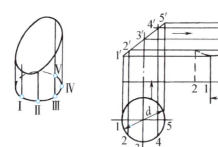

图 5-13 等径 90°弯头的展开

（2）放射线展开法 放射线展开法适用于立体表面的素线相交于一点的锥体。展开原理是将锥体表面用放射线分割成共顶的若干三角形小平面，求出其实际大小后，仍用放射线形式依次将它们画在同一平面上，就得到所求锥体表面的展开图。

图 5-14 所示是正圆锥管放射线展开法，首先用已知尺寸画出主视图和锥底断面图，并将底断面半圆周分为若干等分（图示 6 等分）；然后，过等分点向圆锥底面引垂线，得交点 1~7，由 1~7 交点向锥顶 S 连素线，即将圆锥面分成 12 个三角形小平面，以 S

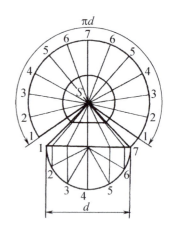

图 5-14 正圆锥管放射线
展开法

为圆心，S-7 为半径画圆弧 1-1，得到底断面圆周长；最后连接 1-S 即得所求展开图。

（3）三角形展开法 三角形展开法是将立体表面分割成一定数量的三角形平面，然后求出各三角形每边的实长，并把它的实形依次画在平面上，从而得到整个立体表面的展开图。

图 5-15 所示为一正四棱台，现作其展开图。画出四棱台的主视图和俯视图，用三角形分割台体表面，即连接侧面对角线。求 1-5、1-6、2-7 的实长，其方法是以主视图中 h 为对边，取俯视图中 1-5、1-6、2-7 为底边，作直角三角形，则其斜边即为各边实长。求得实长后，用画三角形的画法即可画出展开图。

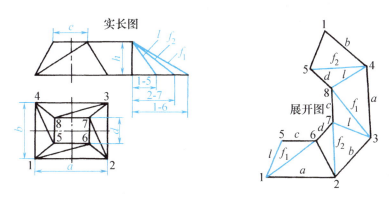

图 5-15　正四棱台展开图

3. 光学放样

光学放样是在实尺放样的基础上发展起来的一种新工艺，它是比例放样和光学划线的总称。所谓比例放样是将构件按 1：5 或 1：10 的比例，采用与实尺放样相同的方法，在一种特制的变形较小的放样台上进行放样，然后再以相同比例将构件展开并绘制成样板图。光学划线就是将比例放样所绘制的样板图再缩小 5~10 倍进行摄影，然后通过投影机的光学系统，将摄制好的底片放大 25~100 倍成为构件的实际形状和尺寸，在钢板上进行划线。

（二）板厚处理

前面所讲过的各种工件表面展开，当弯曲件的板厚较小时，可直接按标注的直径或半径计算展开长，但当板厚大于 1.5mm 时，弯曲内外径相差较大，就必须考虑板厚对展开长度、高度以及相关构件的接口尺寸的影响。板厚越大，对这些尺寸的影响也越大。考虑钢板厚度而改变展开作图的图形处理称为板厚处理。

1. 中性层的确定

现将一厚板卷弯成圆筒，如图 5-16a 所示。通过图可以看出纤维沿厚度方向的变形是不同的，弯曲后内缘的纤维受压而缩短，而外缘的纤维受拉而伸长。在内缘与外缘之间必然存在弯曲时既不伸长也不缩短的一层纤维，该层称为中性层。中性层的长度在弯曲过程中保持不变，因此可作为展开尺寸的依据，如图 5-16b 所示。

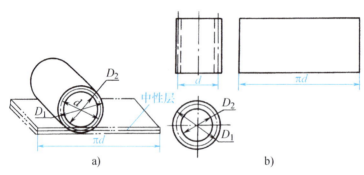

图 5-16 圆筒卷弯的中性层

2. 中性层的应用

一般情况下，可以将板厚中间的中心层作为中性层来计算展开料，但如果弯曲的相对厚度较大，即板厚而弯曲半径小，中心层会被拉长，计算出来的尺寸就会偏大。原因是中性层已偏离了中心层所致，这时就必须按中性层半径来计算展开长。中性层的计算公式如下

$$R = r + k\delta$$

式中　R——中性层半径（mm）；

　　　r——弯板内弯半径（mm）；

　　　δ——钢板厚度（mm）；

　　　k——中性层偏移系数，其值见表 5-8。

表 5-8 中性层偏移系数

r/δ	0.2	0.3	0.4	0.5	0.8	1.0	1.5	2.0	3.0	4.0	5.0	>5.0
k	0.33	0.35	0.35	0.36	0.38	0.40	0.42	0.44	0.47	0.47	0.48	0.50

（1）板材展开长度计算

例 5-1　计算图 5-17 所示 U 形板材展开长度。已知 $r = 60$mm，$\delta = 20$mm，$l_1 = 200$mm，$l_2 = 300$mm，$\alpha = 120°$，求 $L = ?$

图 5-17 U 形板材展开计算

解　因为 $\dfrac{r}{\delta} = \dfrac{60}{20} = 3$，查表 5-8 得 $k = 0.47$。

$$L = l_1 + l_2 + \frac{\pi\alpha(r + k\delta)}{180°}$$

$$= 200\text{mm} + 300\text{mm} + \frac{120°\pi(60 + 0.47 \times 20)}{180°}\text{mm}$$

$$\approx 645\text{mm}$$

实际上板料可以弯曲成各种复杂的形状，求展开料长都是先确定中性层，再通过作图和计算，将断面图中的直线和曲线逐段相加得到展开长度。

（2）圆钢料长的展开计算

1）直角形圆钢的展开计算。如图 5-18a 所示，已知尺寸 A、B、d、R，展开长度应是直段长度和圆弧段长度之和。展开长度为

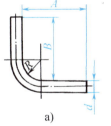
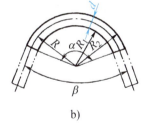

a)   b)

图 5-18　圆钢料长的展开计算

a）直角形圆钢　b）圆弧形圆钢

$$L = A + B - 2R + \frac{\pi\left(R + \dfrac{d}{2}\right)}{2}$$

式中　L——展开长度；

　　A、B——直段长度；

　　　R——内圆角半径；

　　　d——圆钢直径。

例 5-2　图 5-18a 中，设 $A = 400\text{mm}$，$B = 300\text{mm}$，$d = 20\text{mm}$，$R = 100\text{mm}$，求它的展开长度。

解　展开长度

$$L = \left(400 + 300 - 2 \times 100 + \frac{\pi(100 + 10)}{2}\right)\text{mm}$$

$$= (400 + 300 - 200 + 172.78)\text{mm}$$

$$\approx 672.78\text{mm}$$

2）圆弧形圆钢的展开计算。展开长度为

$$L = \pi\left(R_2 - \frac{d}{2}\right)(180° - \beta) \times \frac{1}{180°}$$

例 5-3　图 5-18b 中，已知 $R_2 = 400\text{mm}$，$d = 40\text{mm}$，$\beta = 60°$，求圆钢的展开长度。

解　展开长度为

$$L = \pi(400 - 20)(180° - 60°) \times \frac{1}{180°}$$

$$\approx 795.47\text{mm}$$

（3）角钢展开长度的计算　角钢的断面是不对称的，所以中性层的位置不在

断面的中心，而是位于角钢根部的重心处，即中性层与重心重合。设中性层离开角钢根部的距离为 z_0，z_0 值与角钢断面尺寸有关，可从有关表格中查得。

等边角钢弯曲料长计算见表5-9。

表5-9　等边角钢弯曲料长计算

内　弯	外　弯
$L = l_1 + l_2 + \dfrac{\pi\alpha(R - z_0)}{180°}$	$L = l_1 + l_2 + \dfrac{\pi\alpha(R + z_0)}{180°}$

注：l_1、l_2—角钢直边长度（mm）；R—角钢外（内）弧半径（mm）；α—弯曲角度（°）；z_0—角钢重心距（mm）。

例5-4　已知等边角钢内弯，两直边 $l_1 = 450mm$，$l_2 = 350mm$，角钢外弧半径 $R = 120mm$，弯曲角度 $\alpha = 120°$，等边角钢为 70mm×70mm×7mm，求展开长度 L。

解　由表查得　$z_0 = 19.9mm$。

$$L = l_1 + l_2 + \frac{\pi\alpha(R - z_0)}{180°}$$

$$= \left(450 + 350 + \frac{120°\pi(120 - 19.9)}{180°}\right) mm$$

$$\approx 1009.5mm$$

例5-5　已知等边角钢外弯，两直边 $l_1 = 550mm$，$l_2 = 450mm$，角钢内弧半径 $R = 80mm$，弯曲角 $\alpha = 150°$，等边角钢为 63mm×63mm×6mm，求展开长度 L。

解　由表查得　$z_0 = 17.8mm$。

$$L = l_1 + l_2 + \frac{\pi\alpha(R + z_0)}{180°}$$

$$= \left(550 + 450 + \frac{150°\pi(80 + 17.8)}{180°}\right) mm$$

$$\approx 1255.9mm$$

（三）实尺放样过程举例

下面通过一个实例来讲解实尺放样的具体过程。图 5-19 所示为一冶炼炉炉壳主体部件的施工图，某厂在制作该部件时的放样过程如下：

1. 识读施工图样

在识读施工图样过程中，主要解决以下问题：

1) 弄清产品的用途及一般技术要求。该产品为冶炼炉炉壳主体，主要是保证足够的强度，尺寸精度要求并不高。因为炉壳内还要砌筑耐火层，所以连接部位允许按工艺要求作必要的变动。

2) 了解产品的外部尺寸、质量、材质和加工数量等概况，并与本厂加工能力比较，确定或熟

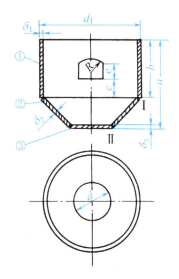

图 5-19 炉壳主体部件施工图

悉产品制造工艺。现知道该产品外部尺寸和质量都较大，需要较大的工作场地和大能力的起重设备。在加工过程中，尤其装配焊接时不宜多翻转。并且产品加工数量少，故装配和焊接都不宜制作专用胎具。

3) 弄清各部分投影关系和尺寸要求，并确定可变动和不可变动的部位及尺寸。

2. 结构处理

（1）连接部位Ⅰ、Ⅱ的处理　首先看Ⅰ部位，它可以有三种连接形式，如图 5-20 所示，究竟选取哪种形式，工艺上主要从装配和焊接两个方面考虑。

从装配构件看，因圆筒体大而重，形状也易于放稳，故装配时可将圆筒体置于装配台上，再将圆锥台（包括图 5-21 所示件③）落于其上。这样，三种连接形式除定位外，一般装配环节基本相同。从定位考虑，显然图 5-20a 所示形式最为不利，而图 5-20c 则较优越。从焊接工艺性看，图 5-20b 所示结构不佳，因为内环缝的焊接均处于不利位置，装配后须依装配时位置焊接外环缝，此时处于横焊和仰焊之间，而翻过来再焊内环缝，不但需要仰焊，且受构件尺寸限制，操作极为不便。再比较图 5-20a 和图 5-20c 两种形式，以图 5-20c 形式较好。它的外环缝焊接时为平角焊，翻转后内环缝是处于平角焊位置，均有利于操作。综合以上多方面因素，Ⅰ部位宜取图 5-20c 形式连接。至于Ⅱ部位，因件③体积小、重量轻，易于装配、焊接，采用施工图所给形式即可。连接部分的处理结果如图 5-21 所示。

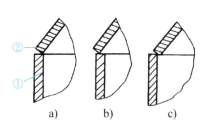

图 5-20 Ⅰ部位连接形式分析

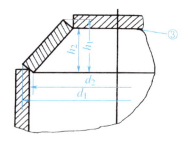

图 5-21 圆锥台结构草图

（2）大尺寸焊件的处理　件①结构尺寸较大，件②锥度较大，均不能直接整弯成形，需分为几块压制，然后组对成形，如图 5-22 所示。件①、件②各由 4 块钢板拼接而成，要注意组对接缝的部位应按不削弱构件强度和尽量减少变形的原则确定，焊缝应交错排列，且不能选在孔眼位置。至此，结构处理完成。

3. 划基本线型

（1）确定放样画线基准　从该构件施工图看出，主视图应以中心线和炉上口轮廓为放样画线基准，准确地画出各个视图的基准线。

（2）画出构件基本线型　件③在视图上反映的是实形，可直接在钢板上划出。为了提高划线的效率，可以做一个件③的号料样板，样板上应注明零件编号、直径、材质、板厚、件数等参数，如图 5-23 所示。

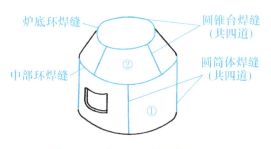

图 5-22 大尺寸焊件拼接方式

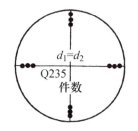

图 5-23 件③号料样板

4. 展开

（1）计算弯曲展开长　件①是圆柱体，展开后是一矩形，最简单的办法是计算出矩形的长和宽即可划出。

（2）可展曲面的展开　件②是一个圆锥台，可采用放射线展开法展开。

5. 样板制作

展开图完成后，就可以为下料制作样板。下料样板又称为号料样板，但不是必须的。如果焊接产品批量较大，每一个零件都去作图展开其效率会太低，而利用样板不仅可以提高划线效率，还可避免每次作图的误差，提高划线精度。就前述炉壳主体部件看，可以制作两个号料样板，一是件③的圆形样板，如图 5-23 所示；另一个是件②的扇形样板。由于件②在结构放样时决定由 4 件拼成，因此该样板是实际展开料的 1/4，如图 5-24 所示。

样板一般用厚为 0.5~2mm 的薄钢板制作，若下料数量少、精度要求不高，也可用硬纸板或油毡纸板制作。

制作样板时还应考虑工艺余量和放样误差，不同的划线方法和下料方法其工艺余量是不一样的。

除排料样板外，还可制作用于检验件①、件②的卡形样板，件①需要一个，件②需要两个，如图 5-25 所示。至此，炉壳主体部件的放样工作全部完成。

图 5-24　件②号料样板

图 5-25　用于检验零件制造精度的卡形样板

安全小提示：划线号料工序中的安全操作

划线、号料作业中除了使用行车以外，一般不需要使用别的机械电气设备。因此，操作者应注意以下事项：

1）吊料前必须检查钢丝绳、卡钩是否完整与牢固。

2）挂钩时必须找好重心，钢板必须挂稳、挂平，不准用手扶被吊件。

3）放置钢板时，应事先选好位置，放好垫板，禁止边落料边放置或调整垫块。

4）不得在被吊件下方工作，翻转大型工件时，人要离开工件翻转的范围。

5）工作场地要经常保持整洁，样板、零件及边角料应堆放整齐，严禁乱丢乱扔。

6）打样冲眼时，应戴防护眼镜，拿锤子的手不要戴手套。

7）在对型钢划线打样冲眼时，必须将型钢放稳，以防翻转伤人。

三、下料

下料是用各种方法将毛坯或焊件从原材料上分离下来的工序。下料分为手工下料和机械下料。

1. 手工下料

（1）克切　克切所需工具：锤子、克子（有柄），克切原理与斜口剪床的剪切原理基本相同。它最大特点是不受工作位置和零件形状的限制，并且操作简单、灵活。

（2）锯割　锯割所用的工具是锯弓和台虎钳。锯割可分手工锯割和机械锯割，手工锯割常用来切断规格较小的型钢或锯成切口。经手工锯割的焊件用锉刀简单修整后可以获得表面整齐、精度较高的切断面。

（3）砂轮切割　砂轮切割是利用高速旋转的薄片砂轮与钢材摩擦产生的热量，将切割处的钢材变成"钢花"喷出形成割缝的工艺。砂轮切割可以切割尺寸较小的型钢、不锈钢、轴承钢等材料。切割的速度比锯割快，但切口经加热后性能稍有变化。

型钢经剪切后的切口处断面可能发生变形，用锯割速度又较慢，所以常用砂轮切割断面尺寸较小的圆钢、钢管、角钢等。但砂轮切割一般是手工操作，灰尘很大，劳动条件很差。

氧乙炔切割

（4）气割　采用氧乙炔焰对某些金属（如铁、低碳钢等）加热到一定温度时在氧气中能剧烈氧化（燃烧）的原理，并用割炬来切割的加工方法，称为氧气切割，简称气割。它所需要的主要设备及工具有乙炔瓶和氧气瓶、减压器、橡皮管、割炬等。

气割的过程如下：

1）开始气割时首先应点燃割炬，随即调整火焰。预热火焰通常采用中性焰或轻微氧化焰，如图 5-26 所示。

2）开始气割时，必须用预热火焰将切割处金属加热至燃烧温度（即燃点），一般碳素钢在纯氧中的燃点为 1100～1150℃。注意割嘴与焊件表面的距离保持10～15mm，如图 5-27 所示。

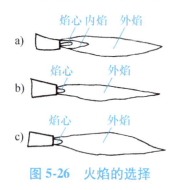

图 5-26　火焰的选择

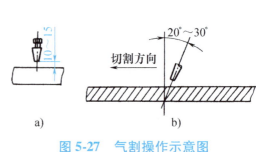

图 5-27　气割操作示意图

a）气割间隙　b）气割角度

3）把切割氧气喷射至已达到燃点的金属时，金属便开始剧烈的燃烧（即氧化），产生大量的氧化物（熔渣），由于燃烧时放出大量的热使氧化物呈液体状态。

4）燃烧时所产生的大量液态熔渣被高压氧气流吹走。

这样由上层金属燃烧时产生的热传至下层金属，使下层金属又预热到燃点，切割过程由表面深入到整个厚度，直到将金属割穿。同时，金属燃烧时产生的热量和预热火焰一起，又把邻近的金属预热到燃点，将割炬沿切割线以一定的速度移动，即可形成割缝，使金属分离。

金属气割应具备下列条件：

1）金属的燃点必须低于其熔点，这是保证切割在燃烧过程中进行的基本条件。否则，切割时便成了金属先熔化后燃烧的熔割过程，使割缝过宽，而且极不整齐。

2）金属氧化物的熔点低于金属本身的熔点，同时流动性应好。否则，将在割缝表面形成固态渣，阻碍氧气流与下层金属接触，使气割不能进行。

3）金属燃烧时应放出较多的热。满足这一条件，才能使上层金属燃烧产生的热量对下层金属起预热作用，使切割过程能连续进行。

4）金属的导热性不应过高。否则，散热太快会使割缝金属温度急剧下降，达不到燃点，使气割中断。如果加大火焰能率，又会使割缝过宽。

综合上述可知：纯铁、低碳钢、中碳钢和普通低合金钢能满足上述条件，所以能顺利地进行气割。

2. 机械下料

（1）剪切 剪切是利用上、下剪切刀刃相对运动切断材料的加工方法。它是冷作产品制作过程中下料的主要方法之一。常用剪切设备包括平口剪床、斜口剪床、龙门剪床、圆盘剪床等。

（2）热切割 热切割主要包括激光切割和等离子弧切割。

1）激光切割是利用能量高度集中的激光束熔化或气化被切割材料，并借助辅助气体将熔化金属吹除形成切口的切割方法。与其他热切割方法相比，激光切割具有如下优点：①切割质量优异。激光切割切口特别细，且平直，热影响区小，底边不黏附熔渣。大多数切割件无须再作进一步的机械加工。②切割效率高。激光束的功率密度大，切割速度高，特别是薄板的切割，最高可达 5m/min。③切割材料种类不受限制。激光切割可以用于几乎是所有的金属材料和非金属材料的切割。④切割变形小。由于激光束能量高度集中，因此切割变形小，精度高，可以省略切割后的矫正等后续工作。但是激光切割设备的一次性投资额大，当采用惰性气体作辅助气体时，生产成本较高。

2）等离子弧切割是利用高温高速等离子弧将切口金属及氧化物熔化，并将其吹走而完成切割过程。等离子弧切割属于熔化切割，这与气割在本质上是不同的，由于等离子弧的温度和速度极高，因此任何高熔点的氧化物都能被熔化并吹走，因此可切割各种金属。目前主要用于切割不锈钢、铝、镍、铜及其合金等金属和非金属材料。

（3）冲裁 金属板料受力后，应力超过材料的强度极限，而使材料发生剪裂分离的过程称为冲裁。冲裁包括落料和冲孔等工序。冲裁时，零件与坯料以封闭的轮廓线分离开，若封闭线以内是零件称为落料；若封闭线以外是零件称为冲孔。

1）冲裁时板料的分离过程大致可分为弹性变形、塑性变形和剪裂分离三个阶段，如图5-28所示。

① 弹性变形阶段是当凸模在压力机滑块的带动下接触板料后，板料开始受压。随着凸模的下降，板料产生弹性压缩并弯曲。凸模继续下降，压入板料，材料的另一面也略挤入凹模刃口内。这时，材料的应力达到了弹性极限，如图5-28a所示。

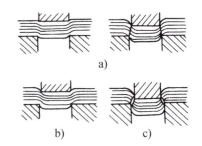

图 5-28 冲裁时板料的分离过程
a）弹性变形阶段 b）塑性变形阶段
c）剪裂分离阶段

② 在塑性变形阶段凸模继续下降，对板料的压力增加，使板料内应力加大。当内应力加大到屈服强度时，材料的压缩弯曲变形加剧，凸模、凹模刃口分别继续挤进板料，板料内部开始产生塑性变形。此时，上、下模具刃边的应力急剧集中，板料贴近刃边部分产生微小裂纹，板料开始被破坏，塑性变形结束，如图5-28b所示。

③ 随着凸模继续下降，板料上已形成的微小裂纹逐渐扩大，并向材料内部发展，当上下裂纹重合时，材料便被剪裂分离，板料的分离结束，如图5-28c所示。

2）合理排样。排样方法可分为有废料排样、少废料排样和无废料排样三种，如图5-29所示。

排料时，工件与工件之间或孔与孔之间的距离称为搭边。工件或孔与坯料侧边之间的余量，称为边距。图5-30中，b为搭边，a为边距。搭边和边距的作用是用来补偿工件在冲压过程中的定位误差的。同时，搭边还可以保持坯料的刚度，

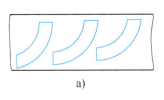
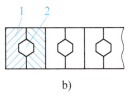
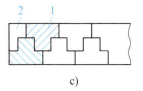

a)   b)   c)

图 5-29   合理排样

a）有废料排样   b）少废料排样   c）无废料排样

1—焊件   2—废料

便于向前送料。生产中，搭边及边距的大小，对冲压件质量和模具寿命均有影响。搭边及边距若过大，材料的利用率会降低；若搭边和边距太小，在冲压时条料很容易被拉断，并使工件产生毛刺，有时还会使搭边拉入模具间隙中。

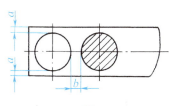

图 5-30   搭边及边距

3）影响冲压件质量的因素有以下几方面：

① 如果冲压件的尺寸较小，形状也简单，这样的零件质量容易保证。反之，就易出现质量问题。

② 如果材料的塑性较好，其弹性变形量较小，冲压后的回弹量也较小，因而容易保证零件的尺寸精度。

③ 冲压件的尺寸精度取决于上、下模具刃口部分的尺寸公差，因此冲模制造的精度越高，冲压件的质量也就越好。

④ 上、下模具合理的间隙，能保证良好的断面质量和较高的尺寸精度。间隙过大或过小，会使冲压件断面出现毛刺或撕裂现象。

四、坯料的边缘加工

边缘加工主要指焊接结构零件的坡口加工。常用的方法有机械切削和气割两类。

1. 机械切削坡口

常采用刨边机、坡口加工机和铣床、刨床等。

（1）刨边机   图 5-31 所示是刨边机的结构示意图，在床身 7 的两端有两根立柱 1，在两立柱之间有连接压料横梁 3，压料横梁上安装有压紧钢板用的压紧装置 2。床身的一侧安装齿条与导轨 8，其上安置进给箱 5，由电动机 6 带动，沿齿条与导轨进行往复的移动。进给箱上刀架 4 可以同时固定两把刨刀，以同方向进行切削；或一把刨刀在前进时工作，另一把刨刀则在反向行程时工作。

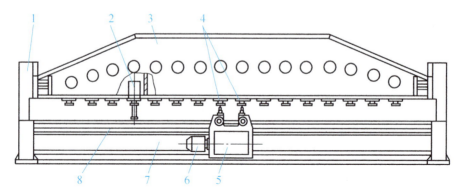

图 5-31 刨边机的结构示意图

刨边机可加工各种形式的直线坡口，加工表面质量高，加工尺寸准确，特别适用于低合金高强度钢、高合金钢、复合钢板及不锈钢等加工。

焊接结构件在下列情况下应进行刨边：

1）去掉剪切形成的加工硬化层。

2）去掉某些高强度钢材气割后的切口表面。

3）零件的装配尺寸精度要求高。

刨边加工的下料余量可按表 5-10 所示选用。

表 5-10 刨边加工的下料余量

钢材	边缘加工形式	钢板厚度 δ/mm	最小余量 Δu/mm
低碳钢	剪切机剪切	≤16	2
低碳钢	剪切机剪切	>16	3
各种钢材	气割	各种厚度	4
优质低合金钢	剪切机剪切	各种厚度	>3

（2）坡口加工机　图 5-32 所示为坡口加工机。这种设备体积小，结构简单，操作方便，效率高，适用于加工圆板和直板构件。它加工的最大厚度为 70mm，一般不受工件直径、长度、宽度的限制。坡口加工机由于受铣刀结构的限制，不能加工 U 形坡口及坡口的钝边。

2. 气割坡口

单面坡口半自动气割时，可用半自动气割机来进行切割，气割规范可比同厚度直线气割时大些。采用两把割炬时，应将其中一把割炬倾斜一定角度。

安全小提示： 下料工序的安全操作

（1）采用剪板机下料时应注意以下事项

1）一台剪板机禁止两人同时剪切两种零件，被剪切零件的长度和板厚应不超过剪板机的剪切能力，不能剪切淬火钢。

2）起动大型剪板机前应先盘车，起动后应先空车运转到正常工作状态，然后才可进行剪切。

3）剪切工件时禁止将手和工具伸入剪板机内，以免发生人身和设备事故。

4）工作时，脚踏开关由专人操作，不得随意乱放、随意操作。

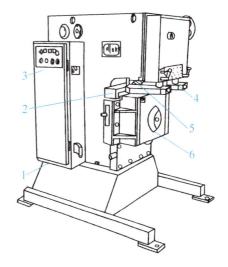

图 5-32　坡口加工机

1—床身　2—导向装置　3—控制柜
4—压紧和防翘装置　5—铣刀　6—工作台

5）无法压紧的窄条钢板，不准在剪板机上剪切。

6）停机后剪板机的离合器应放在空档位置。

（2）采用气割下料时应注意以下事项

1）要预防气割时发生人员燃烧、爆炸、烫伤烧伤、触电及眼伤等事故。

2）按焊炬、割炬的焊嘴大小，来配备氧气和乙炔的压力和气量。

3）点火时，应先开乙炔阀门，点着后再开氧气阀门。

4）作业前检查乙炔、氧气阀门、橡皮管是否漏气，发现漏气现象应及时修理。

5）交接班停止作业时，应关闭气体阀门并检查清除作业场地火种。

6）要使用专用橡胶气管，且乙炔、氧气管要各有标记，不能对调使用。

7）氧气、乙炔用的橡胶管不要随便乱放，管口不要贴住地面，以免吸入土和杂质发生堵塞。

8）做好作业场地防火和气割件的安全与防火防爆措施。

第三节　弯曲与成形

一、弯曲成形基本理论

将坯料弯成所需形状的加工方法称为弯曲成形，简称弯形。弯形时根据坯料温度分冷弯和热弯。根据弯形的方法分手工弯形和机械弯形。

1. 弯曲成形过程

（1）初始阶段　当坯料上作用有外弯曲力矩 M 时，将发生弯曲变形。坯料变形区内，靠近曲率中心一侧（简称内层）的金属在外弯矩引起的压应力作用下被压缩缩短，远离曲率中心一侧（简称外层）的金属在外弯矩引起的拉应力作用下被拉伸伸长。在坯料弯曲过程中的初始阶段，外弯矩的数值不大，坯料内应力的数值小于材料的屈服强度，仅使坯料发生弹性变形。

（2）塑性变形阶段　当外弯矩的数值继续增大时，坯料的曲率半径也随之缩小，材料内应力的数值开始超过其屈服强度，坯料变形区的内表面和外表面首先由弹性变形状态过渡到塑性变形状态，以后塑性变形由内、外表面逐步向中心扩展。

（3）断裂阶段　坯料发生塑性变形后，若继续增大外弯矩，待坯料的弯曲半径小到一定程度，将因变形超过材料自身变形能力的限度，在坯料受拉伸的外层表面首先出现裂纹，并向内伸展，致使坯料发生断裂破坏。

弯曲过程中，材料的横截面形状也要发生变化，无论宽板、窄板，在变形区内材料的厚度均有变薄现象。

2. 弯曲成形方法

压弯成形时，板料的弯曲变形可以有自由弯曲、接触弯曲和校正弯曲三种方式，如图 5-33 所示。板料弯曲时，板料仅与凸、凹线条接触，弯曲圆角半径 r 是自然形成的，这种弯曲方式称作

机械压弯成形

自由弯曲，如图 5-33a 所示；若板料弯曲到直边与凹模表面平行，而且在长度 ab 上互相靠紧时停止弯曲，弯曲件的角度等于模具的角度，而弯曲圆角半径 r_2 仍靠自然形成的，这种弯曲方式称作接触弯曲，如图 5-33b 所示；若将板料弯曲到与凸凹模完全紧靠，弯曲圆角半径 r_3 等于模具圆角半径 $r_凸$ 时，才结束弯曲，这种弯曲方式称作校正弯曲，如图 5-33c 所示。

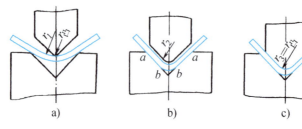

图 5-33　板料弯曲时的三种变形方式

a）自由弯曲　b）接触弯曲　c）校正弯曲

采用自由弯曲，所需弯力小，但工作时靠调整凹模槽口的宽度和凸模的下死点位置来保证零件的形状，批量生产时弯曲件质量不稳定，所以它多用于小批生产中大型零件的压弯。

采用接触弯曲或校正弯曲时，由模具保证弯曲件精度，弯曲件质量较高，而且稳定，但所需弯曲力较大，并且模具制造周期长、费用高。所以它多用于大批量生产中的中小型零件的压弯。

3. 钢材的弯曲变形特点对弯曲加工的影响

钢材的弯曲变形特点对弯曲加工的影响主要有以下几个方面：

（1）弯力　无论采用何种弯曲成形方法，弯力都必须能使被弯曲材料的内应力超过材料的屈服强度。实际弯力的大小要根据被弯曲材料的力学性能、弯曲方式和性质、弯曲件形状等多方面因素来确定。

（2）回弹现象　通常在材料发生塑性变形时，仍还有部分弹性变形存在。而弹性变形部分在卸载时（除去外弯矩）要恢复原态，使弯曲件的曲率和角度发生变化，这种现象称为回弹，如图 5-34 所示。回弹现象的存在直接影响弯曲件的几何精度，必须加以控制。

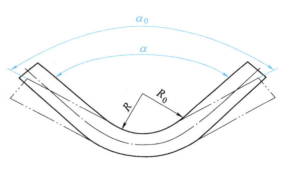

图 5-34　弯曲件的回弹

影响回弹的主要因素有：

1）材料的屈服强度越高，弹性模量越小，加工硬化越激烈，弯曲变形的回弹越大。

2）材料的相对弯曲半径 r/t 越大，材料变形程度就越小，则回弹越大。

3）当弯曲半径一定时，弯曲角 α 越大，表示变形区长度越大，回弹也越大。

4）其他因素，如零件的形状、模具的构造、弯曲方式及弯曲力的大小等，对弯曲件的回弹也有一定的影响。

减小回弹常采取下列措施：

1）将凸模角度减去一个回弹角，使板料弯曲程度加大，板料回弹后恰好等于所需的角度。

2）采取校正弯曲，在弯曲终了时进行校正，即减小凸模的接触面积或加大弯曲部件的压力。

3）减小凸模与凹模的间隙。

4）采用拉弯工艺。

5）在必要时和许可的情况下，可采取加热弯曲。

（3）最小弯曲半径 材料在不发生破坏的情况下所能弯曲的最小曲率半径，称为最小弯曲半径。材料的最小弯曲半径是材料性能对弯曲加工的限制条件。

影响材料最小弯曲半径的因素有：

1）材料塑性越好，其允许变形程度越大，则最小弯曲半径可以越小。

2）弯曲角 α 在相对于弯曲半径 r/t 相同的条件下，弯曲角 α 越小，材料外层受拉伸的程度越小而不易弯裂，最小弯曲半径可以取较小值。反之，弯曲角 α 越大，最小弯曲半径也应增大。

3）轧制的钢材形成各向异性的纤维组织，钢材平行于纤维方向的塑性指标大于垂直于纤维方向的塑性指标。因此，当弯曲线与纤维方向垂直时，材料不易断裂，弯曲半径可以小些。

4）当材料剪断面质量和表面质量较差时，弯曲时易造成应力集中使材料过早破坏，这种情况下应采用较大的弯曲半径。

5）材料的厚度和宽度等因素也对最小弯曲半径有影响。如薄板可以取较小的弯曲半径，窄板料也可取较小的弯曲半径。

在一般情况下，弯曲半径应大于最小弯曲半径。若由于结构要求等原因，弯曲半径必须小于或等于最小弯曲半径时，则应该分两次或多次弯曲，也可采用热弯或预先退火的方法，以提高材料的塑性。

二、卷板

通过旋转辊轴使毛料（钢板）弯曲成形的方法称为卷板。卷弯时，钢板置于卷板机的上、下辊轴之间，当上辊轴下降时，钢板便受到弯矩的作用而发生弯曲变形，如图5-35所示。由于上、下辊轴的转动，通过辊轴与钢板间的摩擦力带动钢板移动，使钢板受压位置连续不断地发生变化，从而形成平滑曲面，完成卷弯成形工作。

钢板卷弯由预弯（压头）、对中、卷弯和矫正四个步骤组成。

（1）预弯 卷弯时只有钢板与上辊轴接触的部分才能得到弯曲，所以钢板的两端各有一段长度不能发生弯曲，这段长度称为剩余直边。剩余直边的大小与设备的弯曲形式有关，钢板弯曲时的理论剩余值见表5-11。

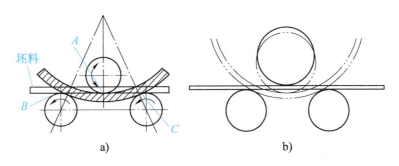

图 5-35　三辊卷板机弯曲原理

a）工作示意　b）轴辊位置变动

表 5-11　钢板弯曲时的理论剩余值

设备类型		卷 板 机			压 力 机
弯曲形式		对称弯曲	不对称弯曲		模具压弯
			三辊	四辊	
剩余直边	冷弯	$L/2$	$(1.5\sim2)\delta$	$(1\sim2)\delta$	1.0δ
	热弯	$L/2$	$(1.3\sim1.5)\delta$	$(0.75\sim1)\delta$	0.5δ

注：L—卷板机侧辊中心距，δ—钢板厚度。

常用预弯方法如图 5-36 所示。图 5-36a 所示为利用通用模具或成形模在压力机上压弯成形；图 5-36b 所示为在三辊卷板机上用模板滚弯，这种方法适用于 $\delta\leqslant\delta_0/2$，$\delta\leqslant24mm$，且不超过设备能力的 60%；图 5-36c 所示为在三辊卷板机上用垫板、垫块滚弯，这种方法适用于 $\delta\leqslant\delta_0/2$，$\delta\leqslant24mm$，并不超过设备能力的 60%；图 5-36d 所示为在三辊卷板机上用垫块滚弯，这种方法适用于较薄的钢板，但操作比较复杂，一般较少采用。

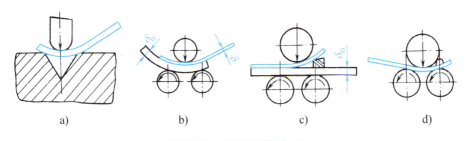

图 5-36　常用预弯方法

a）通用模压弯　b）模板滚弯　c）垫板、垫块滚弯　d）垫块滚弯

解决板材卷弯剩余直边的另一种方法是滚弯前两端预留余量。切割下料时，在板材两端预留稍大于辊不到直边长度的余量，待滚弯后再气割去除，但气割下

的余量若不能使用则会造成材料的浪费。因此也可采用少留余量而利用废料拼接成足够支撑的直边长度，待辅助辊弯后再切除的工艺方法，如图 5-37 所示。

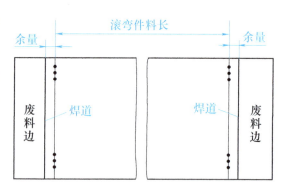

图 5-37　利用废料边进行卷弯的方法

（2）对中　对中的目的是使工件的素线与辊轴轴线平行，防止产生扭斜，保证滚弯后工件几何形状准确。对中的方法有侧辊对中、专用挡板对中、倾斜进料对中、侧辊开槽对中等，如图 5-38 所示。

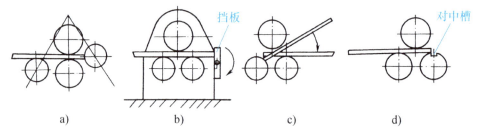

图 5-38　几种对中方法

a）用侧辊对中　b）专用挡板对中　c）倾斜进料对中　d）侧辊开槽对中

（3）卷弯　图 5-39 所示为各种卷板机的卷弯过程。

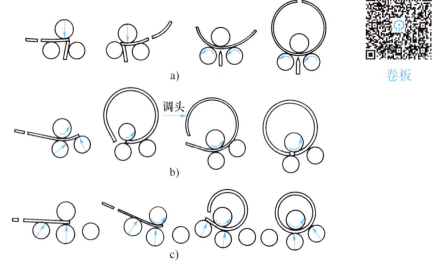

卷板

图 5-39　各种卷板机的卷弯过程

a）带弯边垫板的对称三辊卷板机　b）不对称三辊卷板机　c）四辊卷板机

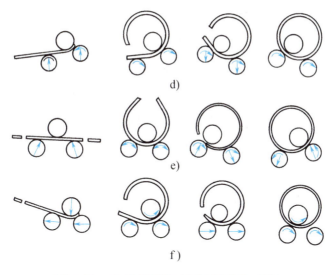

图 5-39　各种卷板机的卷弯过程（续）

d）偏心三辊卷板机

e）对称下调式三辊卷板机　f）水平下调式三辊卷板机

（4）矫正　由于板材两端在预弯时曲率半径不符合要求，或卷弯时曲率不均匀，卷板后在接口处会出现外凸或内凹的缺陷。要消除这些缺陷，可以在定位焊或焊接后进行局部压制卷弯，称为矫正。图 5-40 所示为矫正棱角的几种方法。对于较厚圆筒，焊后经适当加热再放入卷板机内需长时间加压滚动，也可达到矫圆的目的。

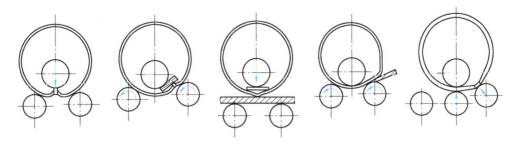

图 5-40　矫正棱角的几种方法

安全小提示：使用卷板机时的注意事项

1）使用时应注意板料进入辊筒时要避免人体压伤、割伤事故的发生，卷板时要防止手或衣物被绞入辊筒内，严禁人站在板料上。

2）热卷时应防止人员被烫伤。

3）板料落位后和卷板机开动过程中，在进出料方向严禁站人。

4）调整辊筒和板料时，必须停车。

5）使用行车配合卷板机工作时，应有专人指挥。

6）吊具选择要适当，行车应不影响卷板机的工作。

7）取出已卷好的圆筒时，必须停机并采取防止圆筒坠落的措施。

8）放置卷好的圆筒时，应摆放整齐、平稳，以防止圆筒滚动伤人。

三、拉深

拉深是利用凸模把板料压入凹模，使板料变成中空形状零件的工艺方法，也称压延或拉延，应用相当广泛。利用拉深工艺，可以制成各种直臂类或曲面类的零件，其工序如图5-41所示。在焊接结构中，利用拉深成形工艺制造的结构元件主要有各种封头、瓦片、管坯和瓜瓣等。

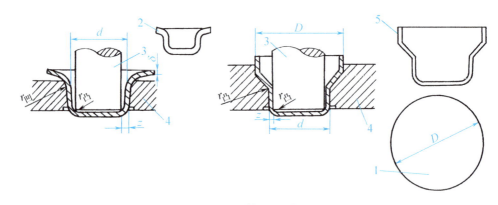

图5-41 拉深工序图

1—坯料 2—第一次拉深的产品 3—凸模 4—凹模 5—成品

1. 拉深工艺要点

为防止坯料被拉裂，凸、凹模边缘均作成圆角，其半径 $r_凸 \leqslant r_凹 = (5 \sim 15)\delta$；凸模和凹模之间的间隙 $z = (1.1 \sim 1.2)\delta$；拉深件直径 d 与坯料直径 D 之比 $d/D = m$（拉深系数），一般 $m = 0.5 \sim 0.8$。拉深系数 m 值越小，则坯料被拉入凹模越困难，从底部到边缘过渡部分的应力也越大。如果拉应力超过金属的抗拉强度，拉深件底部就会被拉穿，如图5-42a所示。对于塑性好的金属材料，m 可取较小值。不能一次拉制成高度和直径合乎成品要求时，则可进行多次拉深。这种多次拉深操作往往需要进行中间退火处理，以消除前几次拉深变形中所产生的硬化现象，使以后的拉深能顺利进行。在进行多次拉深时，其拉深系数 m 应一次比一次略大。

在拉深过程中，由于坯料边缘在切线方向受到压缩，因而可能产生波浪形，最后形成折皱，如图 5-42b 所示。拉深所用坯料的厚度越小，拉深的深度越大，越容易产生折皱。为了预防折皱的产生，可用压板把坯料压紧，如图 5-43 所示。

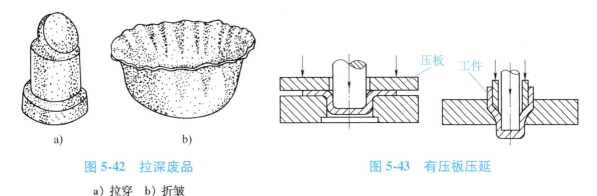

图 5-42 拉深废品
a）拉穿 b）折皱

图 5-43 有压板压延

2. 对拉深件的基本要求

1）拉深件外形应简单、对称，且不要太高，以便使拉深次数尽量少。

2）拉深件的圆角半径在不增加工序的情况下，最小许可半径如图 5-44 所示。否则将增加拉深次数及整形工作。

安全小提示：使用压力机时的注意事项

1）不许使压力机在其能力范围之外工作。

2）设备起动时，人身不准靠在压力机上，操作者的任何部位都不准置于压力机横梁或滑块的正下方。

3）在压制或矫正工作时，不准用手把持工件，不准清扫氧化皮，也不准用不规则的垫块、圆棒等来压垫矫正。

4）热压应使用可燃气体加热，在点火前必须打开炉门以排除炉内积余的可燃气体，防止爆炸。

5）液压缸、液压泵周围、可燃气体管路附近，不准用明火作业和有人员吸烟。

6）使用行车配合作业时，应有专人指挥，应遵守挂钩安全操作规程。

7）工作结束时应切断电源，将压力机置于非工作状态。

四、旋压

拉深也可以用旋压法来完成。旋压是在专用的旋压机上进行。

1. 旋压成形的基本原理

图 5-45 所示为旋压工作简图。毛坯 3 用尾顶尖 4 上的压块 5 紧紧地压在模胎 2 上，当主轴 1 旋转时，毛坯和模胎一起旋转，操作旋棒 6 对毛坯施加压力，同时旋棒又作纵向运动。开始旋棒与毛坯是一点接触，由于主轴旋转和旋棒向前运动，毛坯在旋棒的压力作用下产生由点到线及由线到面的变形，逐渐地被赶向模胎，直到最后与模胎贴合为止，完成旋压成形。这种方法的优点是不需要复杂的模具，变形力较小；但生产率较低，故一般用于中小批量生产。

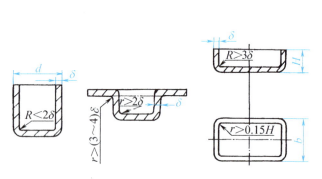

图 5-44　拉深件的最小许可半径（r、R）

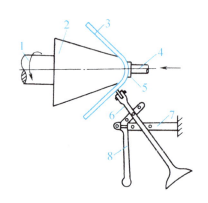

图 5-45　旋压工作简图

1—主轴　2—模胎　3—毛坯　4—尾顶尖
5—压块　6—旋棒　7—支架　8—助力臂

2. 旋压成形的主要特点

1）旋压是一种连续局部塑形加工过程，瞬间的变形区很小，所需的总变形力相应减小。

2）旋压成形可以加工形状复杂的零件或强度高难以变形的材料。

3）旋压件的尺寸公差等级可达 IT8 左右，表面粗糙度值 $Ra<3.2\mu m$，工件的强度和硬度均有明显的提高。

4）旋压加工的材料利用率高，模具费用较低。

旋压成形的经济性与生产批量、工件结构、所需设备、模具及劳动费用等有关。在许多情况下，旋压要与其他冲压工艺方法配合应用，可以获得最佳的产品质量和经济效益。可旋压的工件形状局限于各种旋转体，主要有筒形、锥形、半球形、曲母线和组合形。可旋压的材料包括低碳钢、低合金钢、不锈钢、耐热合金、非铁金属、难熔金属和稀有金属等。

五、爆炸成形

1. 爆炸成形的基本原理

爆炸成形是将爆炸物质放在一特制的装置中，点燃爆炸后，利用所产生的化学能在极短的时间内转化为周围介质（空气或水）中的高压冲击波，使坯料在很高的速度下变形和贴模，从而达到成形的目的。图 5-46 所示为爆炸成形装置。爆炸成形可以对板料进行多种工序的加工，例如拉深、冲孔、剪切、翻边、胀形、校形、弯曲、压花纹等。

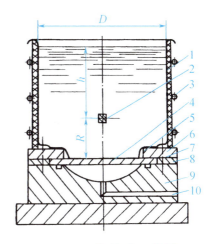

图 5-46　爆炸成形装置

1—纤维板　2—炸药　3—绳　4—坯料
5—密封袋　6—压边圈　7—密封圈
8—定位圈　9—凹板　10—抽气孔

2. 爆炸成形的主要特点

1）爆炸成形不需要成对的刚性凸凹模同时对坯料施加外力，而是通过传压介质（水或空气）来代替刚性凸模的作用。因此，可使模具结构简化。

2）爆炸成形可加工形状复杂、刚性模难以加工的空心零件。

3）回弹小、精度高、质量好。由于高速成形零件回弹特别小，贴模性能好，只要模具尺寸准确，表面光洁，则零件的精度高，表面质量好。

4）爆炸成形属于高速成形的一种，加工成形速度快（只需 1s），操作方便，成本低，产品制造周期短。

5）爆炸成形不需要冲压设备。可成形零件的尺寸不受设备能力限制，在试制或小批生产大型制品时，经济效果显著。

3. 爆炸成形应注意的事项

1）爆炸成形时，模腔内应保持一定的真空度，空气的存在会阻止坯料的顺利贴模，而影响零件表面质量。

2）爆炸成形必须采用合理的密封装置，如果密封装置不好，则会影响零件的表面质量。单件及小批生产时，可用黏土与油脂的混合物作为密封材料，批量较多时宜采用密封圈结构。

3）爆炸成形在操作中有一定危险性，因此，必须熟悉炸药的特性，并严格遵守安全操作规程。

综 合 训 练

一、名词解释

1. 放样　2. 展开放样　3. 可展表面　4. 剩余直边　5. 下料　6. 剪切　7. 搭边　8. 边距　9. 最小弯曲半径　10. 回弹

二、填空题

1. 钢材的变形就是其中一部分纤维与另一部分纤维_____造成的。矫正是通过采用_____或_____的方式进行的，其过程是把已伸长的纤维缩短，把缩短的纤维伸长。

2. 根据矫正的温度矫正钢材变形的方法可分为_____和_____。

3. 钢材高频感应加热矫正加热的位置与火焰矫正时相同，加热区域的大小取决于_____。一般加热时间为_____，温度约_____。

4. 化学清理法一般分为_____和_____。_____可除去金属表面的氧化皮、锈蚀物等污物；_____主要用于去除金属表面的油污。

5. 立体划线是在工件的_____上划线，即在_____三个方向上划线。

6. 可展曲面的展开方法有_____、_____和_____三种。

7. 金属材料的热切割主要有_____、_____、_____。

8. 冲裁是_____工艺方法。根据零件在模具中的位置不同，冲裁分为_____和_____。

9. 在实际生产中，排样方法可分为_____、_____和_____三种。

10. 材料的弯曲变形过程分为_____、_____和_____三个阶段。

11. 压弯成形时，材料的弯曲变形可以有_____、_____和_____三种方式。

12. 当弯曲方向与材料纤维方向_____时，可用较小的弯曲半径。如果弯曲线与纤维方向_____时，弯曲半径应增大，否则容易破裂。

13. 板材的卷弯，工程上习惯称为卷板，其工艺由_____、_____、卷弯和_____四个步骤组成。

14. 常用的预弯方法有_____、_____、_____和_____。

15. 对中的目的是使工件的_____与_____平行，防止产生_____，保证滚弯后工件几何形状准确。

16. 对中的方法有_____、_____、_____、_____等。

17. 拉深系数 m 越小，则坯料被拉入凹模越_____，从底部到边缘过渡部分的应力也_____。

18. 拉深所用坯料的厚度_____，拉深的深度_____，越容易产生折皱。

三、简答题

1. 引起钢材变形的原因主要有哪些？

2. 简述钢板矫正机的工作原理。

3. 什么是原材料的表面清理工艺？清理方法有哪些？

4. 划线时必须遵循的基本规则有哪些？

5. 简述平行线展开法、放射线展开法和三角形展开法的展开原理。

6. 金属气割应具备哪些条件？

7. 影响最小弯曲半径的因素有哪些？

8. 影响回弹的因素有哪些？

9. 减小回弹的主要措施有哪些？

10. 简述旋压成形工艺的原理。

焊接结构的装配与焊接工艺

 [学习目标]

通过本章的学习，让学生在掌握同一种焊接结构在不同的生产批量、生产条件下的装配方式、焊接工艺、装配焊接顺序以及焊接结构的装配与焊接工艺的制订方法的基础上，能够对给定的典型焊接结构进行正确的装配与焊接工艺的制订。

第一节　焊接结构的装配

装配是将焊件按产品图样和技术要求，采用适当工艺方法连接成部件或整个产品的工艺过程。焊接结构生产过程中装配工序的工作量很大，占整个产品制造工作量的30%～40%。装配工作的质量好坏直接影响着产品的最终质量，所以，选择正确的装配方法和合理的装配工艺，提高装配工作的效率和质量，对缩短产品制造周期、降低生产成本、保证产品质量等方面都具有重要的意义。

一、装配基本条件及装配基准

1. 装配的基本条件

对焊件进行定位、夹紧和测量，是装配工序的三个基本条件。

（1）定位　确定焊件在空间的位置或焊件间的相对位置。

（2）夹紧　借助夹具等外力使焊件准确到位，并将定位后的焊件固定。

（3）测量　在装配过程中，对焊件间的相对位置和各部件尺寸进行一系列的技术测量，从而鉴定定位的正确性和夹紧力的效果，以便调整。

154

图 6-1 所示为工字梁在平台 6 上的装配。两翼板 4 的相对位置由腹板 3 和挡铁 5 定位，工字梁端部由挡铁 7 定位；翼板与腹板间相对位置确定后，通过调节螺杆 1 实现夹紧；定位夹紧后，需要测量两翼板的相对平行度、腹板与翼板的垂直度（用 90°角尺 8 测量）和工字梁高度尺寸等指标。

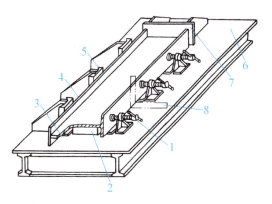

图 6-1　工字梁的装配

1—调节螺杆　2—垫铁　3—腹板　4—翼板
5、7—挡铁　6—平台　8—90°角尺

上述三个装配基本条件相辅相成，缺一不可。若没有定位，夹紧就失去了意义；若没有夹紧，就不能保证定位的准确性和可靠性；而若没有测量，也无法判断并保证装配的质量。

2. 基准的选择

基准一般分为设计基准和工艺基准两大类。设计基准是按照产品的不同特点和产品在使用中的具体要求所选定的点、线、面，而其他的点、线、面是根据它来确定；工艺基准是指焊件在加工制造过程中所应用的基准，其中包括原始基准、测量基准、定位基准、检查基准和辅助基准等。

在结构装配过程中，工件在夹具或平台上定位时，用来确定工件位置的点、线、面，称为定位基准。例如图 6-1 中的平台 6 在装配工字梁时，既是整个结构的支承面，又是工字梁装配的定位基准。合理地选择定位基准，对保证装配质量、安排零部件装配顺序和提高装配效率均有着重要的影响。图 6-2 所示为容器上各接口间的相对位置，接口的横向定位以筒体轴线为定位基准。接口的相对高度则以 M 面为定位基准。若以 N 面为定位基准进行装配，则 M 与接口 I、II 的距离由 (H_2-h_1) 和 (H_2-h_2) 两个尺寸来保证，其定位误差是这两个尺寸误差之和，显然比用 M 作定位基准的误差要大。

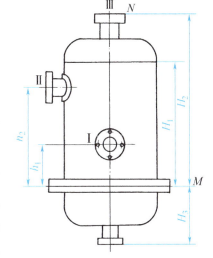

图 6-2　容器上各接口间的相对位置

装配工作中，焊件和装配平台（或夹具）相接触的面称为装配基准面。通常按下列原则进行选择：

1）既有曲面又有平面时，应优先选择工件的平面作为装配基准面。

2）工件有若干个平面时，应选择较大的平面作为装配基准面。

3）选择工件最重要的面（如经机械加工的面）作为装配基准面。

4）选择装配过程中最便于工件定位和夹紧的面作为装配基准面。

二、装配中的测量

测量是检验焊件装配质量的一个工序，装配中的测量包括：正确、合理地选择测量基准；准确地完成零件定位所需要的测量项目。装配中的测量项目主要有线性尺寸、平行度、垂直度、同轴度及角度等。

测量中，为衡量被测点、线、面的尺寸和位置精度而选作依据的点、线、面称为测量基准。当设计基准、定位基准、测量基准三者合一时，可以有效地减小装配误差。一般情况下，多以定位基准作为测量基准。当以定位基准作为测量基准不利于保证测量的精度或不便于测量操作时，就应重新选择合适的测量基准。

1. 线性尺寸的测量

线性尺寸是指焊件上被测点、线、面与测量基准间的距离。线性尺寸的测量主要是利用各种标尺（卷尺、盘尺、钢直尺等）来完成。

2. 平行度的测量

（1）相对平行度的测量 相对平行度是指焊件上被测的线（或面）相对于测量基准线（或面）的平行度。测量相对平行度，通常采用多点对应的线性尺寸的测量，若尺寸相等即平行，如图6-3所示。有时还需要借助大平尺测量相对平行度，

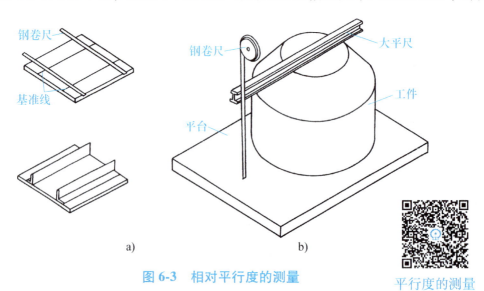

a) b)

图6-3 相对平行度的测量

a）测量角钢间相对平行度 b）用大平尺测量面相对平行度

平行度的测量

例如测量圆锥台与工件下端面的平行度，测量时要转换大平尺的方位，以获得多点测量。若测得数据都相等，即锥台与工件下端面平行。

（2）水平度的测量　容器内的液体（如水），在静止状态下，其表面总是处于与重力作用方向相垂直的位置，这种位置称为水平。水平度就是衡量焊件上被测的线（或面）是否处于水平位置。许多金属结构件制品，在使用中要求有良好的水平度。例如桥式起重机的运行轨道，就需要良好的水平度，否则，将不利于起重机在运行中的控制，甚至引起事故。

施工装配中常用水平尺、软管水平仪、水准仪、经纬仪等量具或仪器来测量焊件的水平度。

1）水平尺测量时，将水平尺放在工件的被测平面上，查看水平尺上玻璃管内气泡的位置，如在中间即达水平。使用水平尺时要轻拿轻放，要避免工件表面的局部凹凸不平影响测量结果。

2）软管水平仪是由一根较长的橡皮管（或尼龙管），两端各接一根玻璃管所构成，管内注入液体。加注液体时要从一端注入，以防止管内有空气。测量时，观察两玻璃管内的水面高度是否相同，如图 6-4 所示。软管水平仪通常用来测量较大结构的水平度。

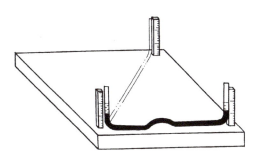

图 6-4　软管水平仪测量水平度

3）水准仪由望远镜水准器和基座等组成，利用它测量水平度不仅能衡量各测点是否处于同一水平，而且能给出准确的误差值，便于调整。

图 6-5 所示是用水准仪来测量球罐柱脚水平度的例子。球罐柱脚上预先标出基准点，把水准仪安置在球罐柱脚附近，用水准仪测视。如果水准仪测出各基准

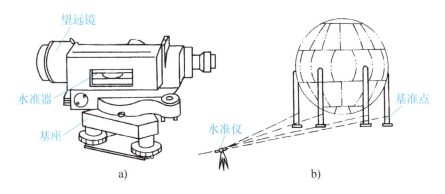

a)　　　　　　　　　　b)

图 6-5　水准仪测量球罐柱脚水平度

点的读数相同，说明各柱脚处于同一水平面；若不同，则可根据由水准仪读出的误差值调整柱脚高低。

3. 垂直度的测量

（1）相对垂直度的测量　相对垂直度是指工件上被测的直线（或面）相对于测量基准线（或面）的垂直度。很多产品在装配工作中对其垂直度的要求是十分严格的。例如高压电线铁塔等呈棱锥形的结构，往往由多节组成。装配时，技术要求的重点是每节两端面与中心线垂直。只有每节的垂直度符合技术要求之后，才有可能保证总体安装的垂直度。

尺寸较小的焊件可以利用90°角尺直接测量；当焊件尺寸很大时，可以采用辅助线测量法，即用标尺作为辅助线测量直角三角形的斜边长。例如，两直角边各为1000mm，则斜边长应为1414.2mm，以此类推。另外，也可用直角三角形直角边与斜边之比值为3∶4∶5的关系来测定。

对于一些桁架类结构上某些部位的垂直度难以直接测量时，可采用间接测量法测量。图6-6所示是对塔类桁架进行端面与中心线垂直度间接测量的例子。首先过桁架两端面的中心拉一钢丝，再将桁架置于测量基准面上，并使钢丝与基准面平行；然后用90°角尺测量桁架两端面与基准面的垂直度，若桁架两端面垂直于基准面，必同时垂直于桁架中心线。

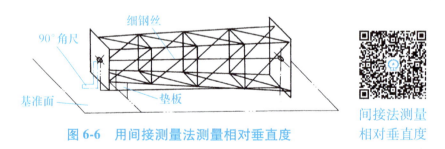

图6-6　用间接测量法测量相对垂直度

间接法测量
相对垂直度

（2）铅垂度的测量　铅垂度是指测定工件上线或面是否与水平面垂直。常使用吊线锤与经纬仪。采用吊线锤时，将线锤吊线拴在支杆上，测量工件与吊线之间的距离来测铅垂度。

当结构尺寸较大而且铅垂度要求较高时，可采用经纬仪来测量铅垂度。经纬仪主要由望远镜、垂直度盘、水平度盘和基座等组成，它可测角、测距、测高、测定直线、测铅垂度等。图6-7所示是用经纬仪测量球罐柱脚的铅垂度实例。先把经纬仪安置在柱脚的横轴方向上，目镜上十字线的纵线对准柱脚中心线的下部，将望远镜上下微动观测。若纵线重合于柱脚中心线，说明柱脚在此方向上垂直，如果发生偏离，就需要调整柱脚。然后，用同样的方法把经纬仪安置在柱脚的纵轴方向观测，如果柱脚中心线在纵轴上也与纵线重合，则柱脚处于铅垂位置。

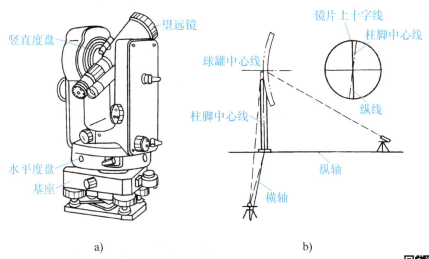

a)　　　　　　　　　　　　　　　　　b)

图 6-7　经纬仪及其应用实例

同轴度的测量

4. 同轴度的测量

同轴度是指工件上具有同一轴线的几个零件，装配时其轴线的重合程度。测量同轴度的方法很多。图 6-8 所示为三节圆筒组成的筒体，测量它的同轴度时，可在各节圆筒的端面安上临时支撑，在支撑中间找出圆心位置并钻出直径为 20~30mm 的孔，然后由两外端面中心拉一根细钢丝，使其从各支撑孔中通过，观测钢丝是否处于各孔中间，测得其同轴度。

5. 角度的测量

装配中，通常是利用各种角度样板测量零件间的角度。图 6-9 所示是利用角度样板测量角度的实例。

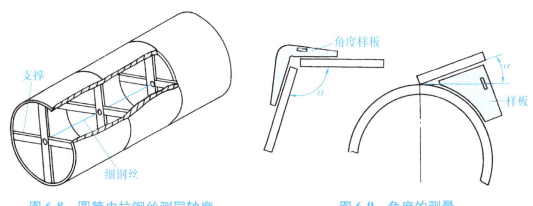

图 6-8　圆筒内拉钢丝测同轴度　　　　**图 6-9　角度的测量**

159

装配测量除上述常用项目外，还有斜度、挠度、平面度等一些测量项目。需要强调的是，测量量具的精确、可靠性也是保证测量结果准确的直接因素。因此，在装配测量中，应注意保护量具不受损坏，并经常定期检验其精度的正确性。

三、焊接结构的装配工艺

焊接结构装配过程中，将焊件装配成部件的过程称为部件装配，简称部装；将焊件或部件装配成最终产品的过程称为总装。

1. 装配前的准备

装配前的准备工作，通常包括以下几方面：

（1）熟悉产品图样和工艺规程　要清楚各部件之间的关系和连接方法，选择好装配基准和装配方法。

（2）装配现场和装配设备的选择　依据产品的大小和结构件的复杂程度选择或安置装配平台和装配胎架。装配工作场地应尽量设置在起重机的工作区间内，而且要求场地平整、清洁，通道畅通。

（3）工量具的准备　装配中常用的工、量、卡夹具和各种专用吊具，都必须配齐并组织到场。

此外，根据装配需要配置的其他设备，如焊机、气割设备、钳工操作台、风砂轮等，也必须安置在规定的场所。

（4）零部件的预检和除锈　产品装配前，对于上道工序转来或零件库中领取的零部件都要进行核对和检查，以便于装配工作的顺利进行。同时，对零部件的连接处表面进行去毛刺、除锈垢等清理工作。

（5）正确掌握装配公差标准　制订装配工艺时，必须注明结构的特殊要求及公差尺寸。特别是由若干焊件组成的结构，其结构尺寸应控制在最大与最小公差值范围之内。

2. 装配中的定位焊

定位焊也称点固焊，用来固定各焊接零件之间的相互位置，以保证整个结构件得到正确的几何形状和尺寸。

定位焊缝一般比较短小，而且该焊缝作为正式焊缝留在焊接结构之中，故对所使用的焊条或焊丝应与正式焊缝所使用的焊条或焊丝牌号相同，而且必须按正式焊缝的工艺条件施焊。

进行定位焊时应注意以下几点：

1）定位焊缝比较短小，并且保证焊透，故应选用直径小于 4mm 的焊条或 CO_2 气体保护焊直径小于 1.2mm 的焊丝。定位焊工件温度较低，热量不足而容易产生未焊透，所以定位焊缝焊接电流应较焊接正式焊缝时大 10%～15%。

2）定位焊缝中若有未焊透、夹渣、裂纹、气孔等焊接缺陷时，应该铲掉并重新焊接，不允许留在焊缝内。

3）定位焊缝的起弧和结尾处应圆滑过渡，否则，在焊正式焊缝时在该处易造成未焊透、夹渣等缺陷。

4）定位焊缝长度尺寸一般根据板厚选取，一般金属结构装配时定位焊缝的尺寸可参考表 6-1。对于强行装配的结构，因定位焊缝承受较大的外力，应根据具体情况，定位焊缝长度可适当加大，间距适当缩小。对于装配后需吊运的工件，定位焊缝应保证焊件不分离，因此对起吊受力部分的定位焊缝，可加大尺寸或数量；或在完成一定的正式焊缝以后吊运，以保证安全。

表 6-1　定位焊缝参考尺寸　　　　　　　　　　（单位：mm）

焊接厚度	焊缝高度	焊缝长度	间　　距
<4	<4	5～10	50～100
4～12	3～6	10～20	100～200
>12	4～6	15～30	100～300

3. 装配工艺过程的制订

装配工艺过程制订的内容主要包括：在各装配工序上采用的装配方法，焊件、组件、部件的装配顺序，以及选用何种提高装配质量和生产率的装备、胎卡具和工具等。

（1）装配工艺方法的选择　零件备料及成形加工的精度对装配质量有着直接的影响，但加工精度越高，其工艺成本就越高。根据不同产品和不同生产类型条件，经常采用的零件装配的工艺方法主要有互换法、选配法和修配法几种。

1）互换法的实质是用控制焊件的加工误差来保证装配精度。这种装配法焊件是完全可以互换的，装配过程简单，生产率高，对装配工人的技术水平要求不高，便于组织流水作业，但要求焊件的加工精度较高。

2）选配法是考虑焊件的加工成本，适当放宽加工的公差带。装配时需挑选尺寸合适的焊件进行装配，以保证规定的装配精度要求。这种方法便于焊件加工，但装配时要由工人挑选，增加了装配工时和装配难度。

3）修配法是指焊件预留修配余量，在装配过程中修去多余部分的材料，使装配精度满足技术要求。此种方法对焊件的制作精度可放得较宽，但增加了手工装配的工作量，而且装配质量取决于工人的技术水平。

在选择装配工艺方法时，应根据生产类型和产品种类等方面来考虑。一般单件、小批量生产或重型焊接结构生产，常以修配法为主，互换件较少，工艺的灵活性大，大多使用通用工艺装备，常为固定式装配；成批生产或一般焊接结构，主要采用互换法，也可灵活采用选配法和修配法。工艺划分应适应批量的均衡生产，使用通用或专用工艺装备，可组织流水作业生产。

（2）装配顺序的确定　在焊接结构生产时，确定部件或结构的装配顺序，不能单纯从装配工艺角度去考虑，还需从以下两个方面来确定装配-焊接顺序。

1）考虑对装配工作是否方便、焊接方法及其可焊到性因素。

2）对焊接应力与变形的控制是否有利，以及其他一系列生产问题。

恰当地选择装配-焊接顺序是控制焊接结构的应力与变形的有效措施之一。例如，选择工字梁肋板的装配顺序就有两种不同的方案：其一是将肋板与工字梁的翼缘板、腹板一起装配完毕后再进行焊接，这时翼缘焊缝对工字梁翼缘板引起的角变形是比较小的，但是四条较长的翼缘焊缝就不能采用自动焊接来完成，而在生产工字梁时采用自动焊接是合理的，为了解决上述矛盾，提高生产率和改善焊接质量，应考虑另一个方案，即先不将肋板装配到工字断面上，待四条翼缘焊缝完成自动焊接后再进行。这样做的缺点是翼缘板角变形相当严重，为使其变形减少，需要采取预先反变形来加以预防或者采取焊后再矫正的办法。

四、装配基本方法

焊接生产中应用的装配方式与方法，可根据结构的形状和尺寸、复杂程度以及生产性质等进行选择。

按定位方式分 ─── 划线定位装配法
　　　　　　　└── 工装定位装配法

按装配地点分 ─── 焊件固定式装配法
　　　　　　　└── 焊件移动式装配法

1. 划线定位装配法

划线定位装配法是利用在零件表面或装配台表面划出工件的中心线、接合线、轮廓线等作为定位线，来确定零件间的相互位置，以定位焊固定进行装配。这种装配通常用于简单的单件小批量装配或总装时的部分较小型零件的装配。

划线定位装配

如图 6-10 所示，图 6-10a 是以划在工件底板上的中心线和接合线作定位基准线，以确定槽钢、立板和三角形加强肋的位置；图 6-10b 是利用大圆筒盖板上的中心线和小圆筒上的等分线（也常称其为中心线）来确定两者的相对位置。

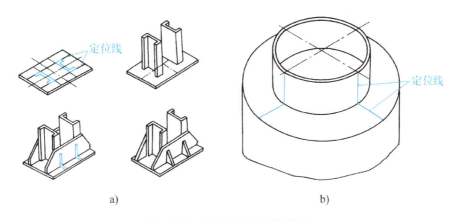

a)   b)

图 6-10 划线定位装配举例

2. 工装定位装配法

（1）样板定位装配法 它是利用样板来确定零件的位置、角度等的定位，然后夹紧并经定位焊完成装配的装配方法，常用于钢板与钢板之间的角度装配和容器上各种管口的安装。

图 6-11 所示为斜 T 形结构的样板定位装配，根据斜 T 形结构立板的斜度，预先制作样板，装配时在立板与平板接合线位置确定后，即以样板

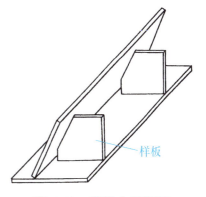

图 6-11 样板定位装配

去确定立板的倾斜度，使其得到准确定位后实施定位焊。

图 6-12 所示为管子的定位装配，在工件上利用样板定位装配管接头。

（2）定位元件定位装配法　用一些特定的定位元件（如板块、角钢、销轴等）构成空间定位点，来确定零件的位置，并用装配夹具夹紧装配。它不需划线，装配效率高，质量好，适用于批量生产。

定位元件
定位装配

图 6-13 所示为在大圆筒外部加装钢带圈时，在大圆筒外表面焊上若干定位挡铁，以这些挡铁为定位元件，确定钢带圈在圆筒上的高度位置，并用弓形螺旋夹紧器把钢带圈与筒体壁夹紧密贴，定位焊牢，完成钢带圈装配。

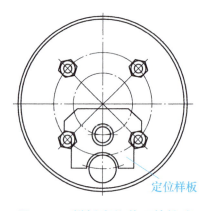

图 6-12　样板定位装配管接头

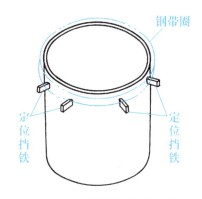

图 6-13　挡铁定位装配法

图 6-14 所示为双臂角杠杆的焊接结构，它由三个轴套和两个臂杆组成。装配时，臂杆之间的角度和三孔距离用活动定位销和固定定位销定位；两臂杆的水平

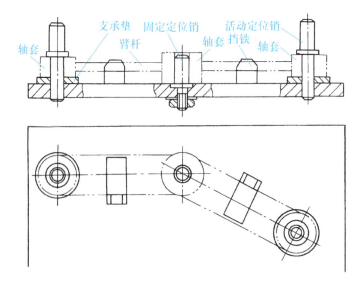

图 6-14　双臂角杠杆的焊接结构

高度位置和中心线位置用挡铁定位；两端轴套高度用支承垫定位，然后夹紧定位焊完成装配。它的装配全部是用定位器定位后完成的，装配质量可靠，生产率高。

应当注意的是用定位元件定位装配时，要考虑装配后工件的取出问题。因为零件装配时是逐个分别安装上去的，自由度大，而装配完后零件与零件已连成一个整体，如定位元件布置不适当时，则装配后工件难以取出。

（3）胎卡具（又称胎架）装配法　对于批量生产的焊接结构，若需装配的零件数量较多，内部结构又不很复杂时，可将工件装配所用的各定位元件、夹紧元件和装配胎架三者组合为一个整体，构成装配胎卡具。

图 6-15a 所示为汽车横梁结构，它由拱形板 4、槽形板 3、角形铁 6 和主肋板 5 等零件组成。其装配胎卡具如图 6-15b 所示，它由定位挡铁 8、螺旋压紧器 9、回转轴 10 共同组合连接在胎架 7 上。装配时，首先将角形铁置于胎架上，用活动定位销 11 定位，并用螺旋压紧器 9 固定，然后装配槽形板和主肋板，它们分别用

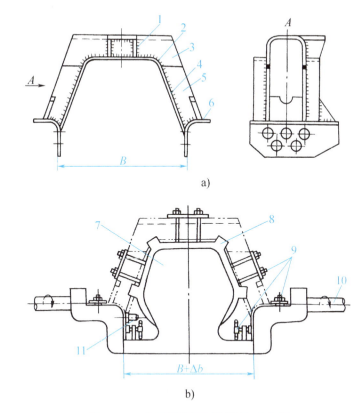

图 6-15　汽车横梁及其装配胎卡具

a）汽车横梁　b）焊接夹具

1、2—焊缝　3—槽形板　4—拱形板　5—主肋板　6—角形铁　7—胎架
8—定位挡铁　9—螺旋压紧器　10—回转轴　11—活动定位销

定位挡铁 8 和螺旋压紧器压紧，再将各板连接处定位焊。该胎卡具还可以通过回转轴 10 回转，把工件翻转到使焊缝处于最有利的施焊位置焊接。

利用装配胎卡具进行装配和焊接，可以显著地提高装配工作效率，保证装配质量，减轻劳动强度，同时也易实现装配工作的机械化和自动化。

3. 工件固定式装配法

固定式装配是将产品或部件的全部装配工作，安排在一处固定的工作地点进行。在装配过程中产品的位置不变，装配所需要的零件和部件都汇集在工作地点的附近，这种装配方法一般用在重型焊接结构产品或单件、小批量的生产中。

4. 工件移动式装配法

移动式装配通常称为流水装配法，在装配过程中，产品或部件顺序地沿着一定的工作地点按一定的工序流程进行装配。移动装配时，产品或部件一般通过传送带、滚道或轨道上行走的小车来运送，使用专用设备或专用工具进行装配。此种方法装配质量好，生产率高，生产成本低，适用于大批量生产。

5. 随装随焊法

随装随焊法是先将若干个焊件组装起来，随之焊接相应的焊缝，然后再装配若干个焊件，再进行焊接，直至全部焊件装完并焊完成为符合要求的构件。这种方法是装配工人与焊接工人在一个工位上交替作业，影响生产率，也不利于采用先进的工艺装备和先进的工艺方法。因此，此种类型适用于单件小批量生产和复杂的结构生产。

6. 整装整焊法

整装整焊法是将全部焊件按图样要求装配起来，然后转入焊接工序，将全部焊缝焊完。此种类型是装配工人与焊接工人各自在自己的工位上完成，可实行流水作业，停工损失很小。装配可采用装配胎具进行，焊接也可采用滚轮架、变位器等工艺装备，有利于提高装配-焊接质量。这种类型适用于结构简单、焊件数量少、大批量生产条件。

7. 部件组装法

部件组装法是将整个结构分解成若干个部件，先由焊件装配成部件，然后再由部件装配-焊接成结构件，最后再把它们总装焊成整个产品结构。这种类型适合批量生产，可实行流水作业，几个部件可同步进行，有利于应用各种先进工艺装备，有利于控制焊接变形，有利于采用先进的焊接工艺方法。

（1）部件组装法的优越性主要表现在以下几方面：

1）可以提高装配-焊接工作的质量，并可改善工人的劳动条件。把整体的结构划分成若干部件以后，它们就变得重量较轻、尺寸较小、形状简单，因而便于操作。同时把一些需要全位置操作的工序改变为在正常位置的操作，即这些部件的焊缝容易处于有利于焊接的位置，可尽量减少立焊、仰焊、横焊，并且可将角焊缝变为船形位置。

2）容易控制和减少焊接应力及焊接变形，焊接应力和焊接变形与焊缝在结构中所处的位置及数量有着密切的关系。在划分部件时，要充分考虑到将部件的焊接应力与焊接变形控制到最小。一般都将总装配时的焊接量减少到最小，以减少可能引起的焊接变形。另外，在部件生产时，可以比较容易地采用胎夹具或其他措施来防止变形，即使已经产生了较大的变形，也比较容易修整和矫正。这对于成批和大量生产的构件，显得更为重要。

3）可以缩短产品的生产周期。生产组织中各部件的生产是平行进行的，避免了工种之间的相互影响和等候。生产周期可缩短 1/3~1/2，对于提高工厂的经济效益是非常有利的。

4）可以提高生产面积的利用率，减少和简化总装时所用的胎位数。

5）在成批和大量生产时可广泛采用专用的胎夹具，分部件以后可以大大地简化胎夹具的复杂程度，并且使胎夹具的成本降低。另外，工人有专门的分工，熟练程度可提高。

（2）部件的划分　部件的合理划分是发挥上述优越性的关键，划分部件装配-焊接时应从以下几方面来考虑：

1）尽可能使各部件本身的结构型式是一个完整的构件，便于各部件间最后的总装。另外，各部件间的结合处应尽量避开结构上应力最大的地方，从而保证不因划分工艺部件而损害结构的强度。

2）最大限度地发挥部件生产的优点，合理选择部件，使装配工作和焊接工作更方便，同时在工艺上便于达到技术条件的要求。如：焊接变形的控制，防止因结构刚性过大而引起裂纹的产生等。

3）考虑现场生产能力和条件的限制，主要是划分部件在重量、体积上的限制。如：在建造船体时，分段划分必须考虑到起重设备的能力和车间装配-焊接场地的大小。对焊后要进行热处理的大部件，要考虑到退火炉的容积大小等问题。

4）在大量生产的情况下，考虑生产节奏的要求。

五、典型结构的装配工艺

1. 钢板的拼接

钢板拼接是最基本的部件装配，多数的钢板结构或钢板型钢混合结构都要先进行这道工序。钢板拼接分为厚板拼接和薄板拼接。拼接时，焊缝应错开，防止十字交叉焊缝，焊缝与焊缝之间的最小距离应大于 3 倍板厚，而且不小于 100mm，容器结构焊缝之间通常错开 500mm 以上。

钢板拼接时还应注意以下几点：

1）按要求留出装配间隙和保证接口处平齐。

2）厚板对接定位焊可以按间距 250～300mm，用 30～50mm 长的定位焊缝固定。如果局部应力较大，可根据实际情况适当缩短定位焊缝的距离。

3）厚度大于 34mm 的碳素结构钢板和大于或等于 30mm 的低合金结构钢板拼接时，为防止低温时焊缝产生裂纹，当环境温度较低时，可先在焊缝坡口两侧各 80～100mm 范围内进行预热，其预热温度及层间温度应控制在 100～150℃之间。

4）对于厚度在 3mm 以下的薄钢板，焊缝长度在 2m 以上时，焊后容易产生波浪变形。拼板时可以把薄钢板四周用短焊缝固定在平台上，然后在接缝两侧压上重物，接缝定位焊缝长为 8mm，间距为 40mm，采用分段退焊法。焊后用锤子或铆钉枪轻打焊缝，消除应力后钢板即可平直。

图 6-16 所示为厚板拼接的一般方法。先按拼接位置将各板排列在平台上，然后将各板靠紧，或按要求留出一定的间隙。这时如果板缝处出现高低不平，可用压马调平，即可施定位焊连接。定位焊位置离开焊缝交叉处和焊缝边缘一定距离，且焊点间有间距。若板缝对接采用自动焊，应根据焊接规程的要求，开或

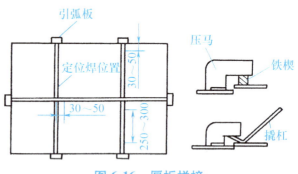

图 6-16　厚板拼接

不开坡口。如不开坡口，应须先在定位焊处铲出沟槽，使定位焊缝的余高与未定位焊的接缝基本相平，不影响自动焊的质量。对于采用埋弧焊的对接焊缝，应在电磁平台焊剂垫上进行更方便。

2. T 形梁的装配

T 形梁是由翼板和腹板组合而成，根据生产类型的多少，一般分以下两种装

配方法：

（1）划线定位装配法 在小批量或单件生产时采用，先将腹板和翼板矫直、矫平，然后在翼板上划出腹板的位置线，并打上样冲眼。将腹板按位置线立在翼板上，并用90°角尺校对两板的相对垂直度，然后进行定位焊。定位焊后再经检验校正，才能焊接。

（2）胎卡具装配法 成批量装配T形梁时，采用图6-17所示的简单胎卡具。装配时，不用划线，将腹板立在翼板上，端面对

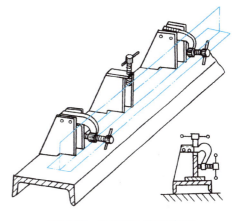

图6-17 T形梁的胎卡具

齐，以压紧螺栓的支座为定位元件来确定腹板在翼板上的位置，并由水平压紧螺栓和垂直压紧螺栓分别从两个方向将腹板与翼板夹紧，然后在接缝处定位焊。

3. 箱形梁的装配

（1）划线装配法 图6-18a所示的箱形梁，是由腹板2、翼板1、4及肋板3组成。装配前，先把翼板、腹板分别矫正平直，板料长度不够时应先前进行拼接。装配时，将翼板放在平台上，划出腹板和肋板的位置线，并打上样冲眼。各肋板按位置线垂直装配于翼板上，用90°角尺检验垂直度后定位焊，同时在肋板上部焊上临时支撑角钢，固定肋板之间的距离，如图6-18b虚线所示。再装配两腹板，

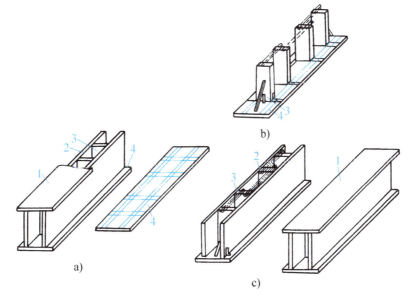

图6-18 箱形梁的装配

1、4—翼板 2—腹板 3—肋板

169

使它紧贴肋板立于翼板上，并与翼板保持垂直，用90°角尺校正后施行定位焊。装配完两腹板后，应由焊工按一定的焊接顺序先进行箱形梁内部焊缝的焊接，并经焊后矫正、内部涂装防锈漆后再装配上盖板，即完成了整个装配工作。

（2）胎卡具装配　批量生产箱形梁时，也可以利用装配胎卡具进行装配，以提高装配质量和工作效率。

4. 圆筒节对接装配

圆筒节对接装配的要点在于使对接环缝和两节圆筒的同轴度误差都符合技术要求。为使两节圆筒易于获得同轴度和便于装配中翻转，装配前两圆筒节应分别进行矫正使其圆度等符合技术要求。为防止筒体椭圆变形，可以在筒体内使用径向推撑器撑圆，如图6-19所示。

筒体装配可分卧装和立装两类。

（1）筒体的卧装　筒体卧装可在装配胎架上

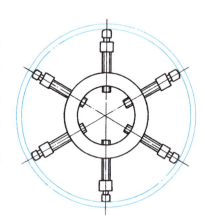

图 6-19　用径向推撑器装配筒体

进行，图6-20a、b所示为筒体在滚轮架和辊筒架上装配。筒体直径很小时，也可以在槽钢或型钢架上进行，如图6-20c所示。对接装配时，将两圆筒置于胎架上紧靠或按要求留出焊缝间隙，然后采用本章所述的测量圆筒同轴度的方法，校正两节圆筒的同轴度，校正合格后施行定位焊。

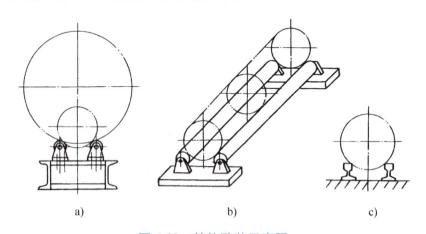

a)　　　　　　　　　b)　　　　　　　　　c)

图 6-20　筒体卧装示意图

（2）筒体的立装　对于一些直径大而长度不太长的容器可进行立装，其优点是克服了由于自重而引起的变形。立装时可采用图6-21所示的方法，先将一节圆筒放在平台（或水平基础）上，并找好水平，在靠近上口处焊上若干个螺旋压马。然后将另一节圆筒吊上，用螺旋压马和焊在两节圆筒上的若干个螺旋拉紧器拉紧，进行初步定位。然后检验两节圆筒的同轴度并校正，检查环缝接口情况，并对其调整合格后进行定位焊。

油罐等大型圆筒容器装配，因直径较大，不能卧装，可采用立装倒装法。倒装方法是首先把罐顶与第一节筒体进行装配，并全部焊完。然后，用起重机械将第一节圆筒体提升一定高度。接着把第二节圆筒体平移到第一节圆筒体下面，再用前面所述的立装方法，把第一节筒体缓缓地落在第二节筒体上面，接口处用若干螺旋压马进行定位，并用若干螺旋拉紧器拉紧，调整筒体同轴度和接口情况，合格后施行定位焊，最后将该节全部焊缝焊完。再用起重机械将第二节筒体提

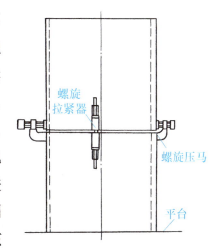

图 6-21　圆筒立装对接

升一定高度，用同样方法装配第三节筒体，以此类推，直至装完最后一节筒体，最后一节筒体尚需与罐底板连接并焊在一起。倒装法的筒体环缝焊接位置始终在最底一节筒体上，比正装法省去搭脚手架的麻烦。同时，筒体的提升也是从最底下一节挂钩起吊，又可省去使用高大的起重设备，所以是比较常用的装配方案。

5. 机架结构的装配

许多焊接机器的零部件是用轧制钢板或型钢焊制成的，而且是单件和小批量生产的。单臂压力机是典型的板架结构，图 6-22 所示是其机架的装配过程。装配的技术问题，除要保证各接缝符合要求外，主要应保证板 2 和板 4 上的两个圆孔的同轴度，轴线与机架底面的垂直度，以及工作台面 7 与机架底面的平行度等技术要求。由于机架的高度尺寸比长度、宽度尺寸大，重心位置高，所以采用先卧装后立装的方法，这样各零件的定位稳定性好。同时，采用整体装配后焊接，可增加构件的刚性来减少焊接变形。装配前，要逐一复核零件的尺寸和数量；厚板应按要求开好焊接坡口。

卧装时，以机架的一块侧板 1 为基准，将其平放在装配平台上，用划线装配法在其上面划出件 2、3、4、5、6 的厚度位置线，按线进行各件的装配，如图 6-22a 所示。校正好零件间垂直度以及件 2、4 上两个圆孔同轴度后，再定位焊固定。然后，装配机架另一块侧板，并定位焊固定，组成一构件。这时要注意，使机架两侧板平面间的尺寸符合要求并保持平行。

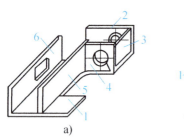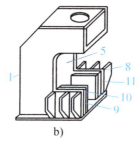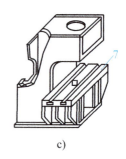

a)   b)   c)

图 6-22　单臂压力机机架的装配过程

立装时，将机架底板 9 平放在装配台上并找好水平度，在其上划出件 1、5、6、8、10、11 的厚度位置线，然后将由卧装组合好的构件吊到底板 9 上按位置对好，并检验件 2、4 上两圆孔的轴线是否与底面垂直，校正后定位焊固定。再依次按线装配其他各件，并分别定位焊固定，如图 6-22b 所示。

工作台 7 一般都预先进行切削加工，装配焊后不再加工。装配前，一般先将卧装、立装后的构件先进行焊接并矫正，然后装配工作台并焊接，如图 6-22c 所示。由于工作台焊接后矫正困难，且工作台面要求与机架底面保持平行，装配时应使件 8、10、11、6 与工作台的接触面保持水平。另外，工作台定位时必须严格检查其与底板的平行度，合格后再进行定位焊固定。

安全小提示：装配中的安全技术

目前，我国只有少数专业化程度较高的工厂采用或部分采用了机械化装配作业，而大多数工厂仍还是用手工工具和简单的装配夹具进行装配，在装配过程中还需要与行车、焊工协同作业。因此，在装配时不仅存在机械性损伤、高空坠落、大件倾倒压伤等不安全因素，同时还存在噪声污染、弧光辐射和焊接烟尘等不卫生因素。所以，在装配作业时应注意：

1）工作前检查各种锤子有无卷边、伤痕，锤把应坚韧、无裂纹，锤把与锤连接处应加铁楔。

2）打大锤不准戴手套，严禁两人对打；不准用手指示意锤击处，应用锤子或棒尖指点。

3）使用千斤顶时应垫平放稳，不准超负荷使用。

4）使用起重机进行机械吊装时，要有专人指挥，必须轻举慢落，工件到位后必须用定位焊焊牢，然后才能松钩。

5）登高进行装配作业时，要有坚固的脚手架或梯子，操作者必须扎好安全带，工具只准放在工具袋内。

6）在进行多人装配作业时，应注意相互配合，确保安全；装配时，应与焊工配合默契，注意弧光打眼和热工件烫伤。

7）要防止工件压坏电缆线造成触电事故。

8）禁止在吊起的工件及翻转的工件上进行锤击矫正，防止工件脱落。

9）在使用手提式砂轮机时，必须有防护罩，操作者应站在砂轮回转方向的侧面。

10）在大型工件或容器内部作业时，要有安全行灯。

11）操作人员必须穿戴好规定的防护用品，以防触电及机械损伤事故的发生。

第二节 焊接结构的焊接工艺

焊接工艺是将已装配好的结构，用规定的焊接方法，焊接参数进行焊接加工，使其连接成一个牢固整体的工作过程。

一、焊接工艺制订的原则和内容

1. 制订焊接工艺的原则

（1）能获得满意的焊接接头 无论焊缝的外形尺寸或内部质量都要达到技术条件的要求。

（2）焊接应力与变形要小 焊接后构件的变形量应在技术条件许可的范围内。

（3）焊接性好，施焊方便 能最大限度地减轻工人的劳动强度，改善生产条件。

（4）翻转次数少，生产率高 可利用胎卡具及机械化辅助装置，使工件在最方便的位置施焊，或实现机械化和自动化焊接。

（5）成本低，经济效益好 尽量使用高效率、低能耗的焊接方法。

2. 焊接工艺制订的内容

1）合理选择并审定焊接结构中各接头焊缝所采用的焊接方法，并确定相应的焊接设备和焊接材料。

2）确定合理的焊接参数，如焊条电弧焊时的焊条直径、焊接电流、电弧电压、焊接速度、施焊顺序和方向、焊接层数等。

3）合理选择焊丝及焊剂牌号；气体保护焊时的气体种类、气体流量、焊丝伸长度等。

4）焊接热参数的选择，如预热、中间加热、后热及焊后热处理的工艺参数，主要是加热温度、加热部位和范围、保温时间及冷却速度等要求。

5）选择实用的焊接工艺装备，如焊接胎具、焊件变位机、自动焊机的引导移动装置等。

二、焊接工艺方法的选择

制订焊接工艺方案应根据产品的结构尺寸、形状、材料、接头形式以及对焊接接头的质量要求，加之现场的生产条件、技术水平等，选择最经济、方便、高效率并且能保证焊接质量的焊接方法。

1. 选择焊接方法

为了正确地选择焊接方法，必须要了解各种焊接方法的生产特点及适用范围（如焊件厚度、焊缝空间位置、焊缝长度和形状等）。同时，要考虑各种焊接方法对装配工作（焊件坡口要求、所需工艺装备等）、焊接质量及其稳定程度、经济性（劳动生产率、焊缝成本、设备复杂程度等）以及工人劳动条件等方面的要求。

2. 选择焊接材料

选择了焊接方法以后，就可以根据焊接方法的工艺特点来确定焊接材料。确定焊接材料时，还必须考虑到焊缝的力学性能、化学成分以及在高温、低温或腐蚀介质工作条件下的性能要求等。总之，在综合考虑后才能合理选用焊接材料。

3. 选择焊接设备

焊接设备的选择应根据已选定的焊接方法和焊接材料，还要考虑焊接电流的种类、焊接设备的功率、工作条件等方面，使选用的设备能满足焊接工艺的要求。

三、焊接参数的选定

焊接参数的选定主要考虑以下几方面因素：

1）深入地分析产品的材料及其结构型式，着重分析材料的化学成分和结构因素共同作用下的焊接性。

2）考虑焊接热循环对母材和焊缝的热作用，这是获得合格产品及焊接接头最小的焊接应力和变形的保证。

3）根据产品的材料、焊件厚度、焊接接头形式、焊缝的空间位置、接缝装配间隙等，去查找各种焊接方法的有关标准、资料（利用资料中经验公式、图表、曲线）图书等。

4）通过试验确定焊缝的焊接顺序、焊接方向以及多层焊的熔敷顺序等。

5）确定焊接参数不应忽视焊接操作者的实践经验。

四、确定合理的焊接热参数

除低碳钢外，低合金钢、高强度结构钢也已为焊接结构广泛采用。这类钢优点虽多，但焊接工艺比较复杂，通过选择合适的焊接热参数，可以改善焊接接头的组织和性能，消除焊接应力，防止裂纹产生。

焊接热参数主要包括预热、后热及焊后热处理。

1. 预热

预热是焊前对焊件的全部或局部加热，预热温度的高低应根据钢材淬硬倾向的大小、冷却条件和结构刚性等因素而定。钢材的淬硬倾向大、冷却速度快、结构刚性大，其预热温度要相应提高。预热目的有以下几方面：

1）减缓焊接接头加热时的温度梯度及冷却速度，适当延长在 $500 \sim 800℃$ 区间的冷却时间，改善焊缝金属及热影响区的显微组织，提高焊接接头的抗裂性。

2）有利于扩散氢的逸出，避免焊接接头延迟裂纹的产生。

3）提高焊件温度分布的均匀性，减少内应力。

许多大型结构采用整体预热是困难的，甚至是不可能的，如大型球罐、管道等，因此常采用局部预热的方法，以防止产生裂纹。

2. 后热

后热是焊后立即对焊件全部（或局部）进行加热到 $300 \sim 500℃$ 并保温 $1 \sim 2h$ 后空冷的工艺措施，其目的是防止焊接区扩散氢的聚集，避免延迟裂纹的产生，所以后热也称除氢处理。对于焊后要立即进行热处理的焊件，因为在热处理过程中可以达到除氢处理的目的，故不需要另作后热。

3. 焊后热处理

焊接结构的焊后热处理，主要目的是改善焊接接头的组织和性能，消除残余应力，提高结构的几何稳定性。

许多承受动载荷的结构件，焊后必须经热处理，消除结构内的残余应力后才能保证其正常工作，如大型球磨机、挖掘机框架、压力机等。对于焊接的机器零件，用热处理方法来消除内应力尤为必要，否则，在机械加工之后发生变形，影响加工精度和几何尺寸，严重时会造成焊件报废。合金钢通常是经过焊后热处理来改善其焊接接头的组织和性能之后，才能显现出材料性能的优越性。

一般来说，对于结构的板厚不大，又不是用于动载荷，而且是用塑性较好的材料（如低碳钢）来制造的结构，就不需要焊后热处理。对于板厚较大，又是承受动载荷的结构，其外形尺寸越大，焊缝越多越长，残余应力也越大，就需要焊后热处理。

对于一些重要结构，常采用先正火随后立即回火的热处理方法，它既能起到改善接头组织和消除残余应力的作用，又能提高接头的韧性和疲劳强度，是生产中常用的一种热处理方法。

预热、后热、焊后热处理方法的工艺参数，主要由结构的材料、焊缝的化学成分、焊接方法、结构的刚度及应力情况、承受载荷的类型、焊接环境的温度等来确定。

五、焊接工艺评定

焊接工艺评定是为验证所拟订的焊接工艺的正确性而进行的试验过程及结果评价。

1. 焊接工艺评定的目的

一些重要结构件（如锅炉、压力容器），焊接生产前都必须进行焊接工艺评定，目的是：其一验证施焊单位所拟订的焊接工艺是否正确；其二评定施焊单位是否有能力焊出符合有关规程和产品技术条件所要求的焊接接头。经过焊接工艺评定合格后，提出"焊接工艺评定报告"，作为编制"焊接工艺规程"时的主要依据之一。

2. 焊接工艺评定条件与规则

（1）焊接工艺评定的条件　材料在选用与设计前必须经过（或有可靠的依

据）严格的焊接性试验。焊接工艺评定的设备、仪表与辅助机械均应处于正常工作状态，钢材与所使用焊接材料必须符合相应的标准，并需由本单位技能熟练的焊工施焊和进行热处理。

（2）焊接工艺评定的规则　当评定对接焊缝与角焊缝焊接工艺时，均可采用对接焊缝接头形式。板材对接焊缝试件评定合格的焊接工艺，适用于管材的对接焊缝；板材角焊缝试件评定合格的焊接工艺，适用于管材与板材的角焊缝。

凡有下列情况之一者，需要重新进行焊接工艺评定。

1）改变焊接方法。

2）新材料或施焊单位首次焊接的钢材。

3）改变焊接材料，如焊丝、焊条、焊剂和保护气体的成分。

4）改变坡口形式。

5）改变焊接参数，如焊接电流、电弧电压、焊接速度、电源极性、焊接层数等。

6）改变热规范参数，如预热温度、层间温度、后热和焊后热处理等工艺参数。

3. 焊接工艺评定的依据

焊接结构生产企业可按所生产的产品类型，分别遵照下列国家标准、行业标准、制造规程，或国际通用制造法规完成焊接工艺评定工作。

1）GB/T 19866—2005《焊接工艺规程及评定的一般原则》。

2）GB/T 19868.1—2005《基于试验焊接材料的工艺评定》。

3）GB/T 19868.2—2005《基于焊接经验的工艺评定》。

4）GB/T 19868.3—2005《基于标准焊接规程的工艺评定》。

5）GB/T 19868.4—2005《基于预生产焊接试验的工艺评定》。

6）GB/T 19869.1—2005《钢、镍及镍合金的焊接工艺评定试验》。

7）NB/T 47014—2023《承压设备焊接工艺评定》。

8）中国船级社　《钢制海船入级规范》，2023。

4. 焊接工艺评定方法

焊接工艺评定的方式是通过对焊接试板所做的力学性能试验，判断该工艺是否合格。焊接工艺评定是评定焊接工艺的正确性，而不是评定焊工技艺。因此，为减少人为因素，试件的焊接应由技术熟练的焊工担任。

5. 焊接工艺评定程序

1）统计焊接结构中应进行焊接工艺评定的所有焊接接头的类型及各项有关数据，如材料、板厚、管子直径及壁厚、焊接位置、坡口形式及尺寸等，确定出应进行焊接工艺评定的若干典型接头。

2）编制"焊接工艺指导书"或"焊接工艺评定任务书"。其内容应包括焊前准备、焊接方法、设备、焊接材料、焊接参数、热规范工艺参数等的最佳选择，以及焊接的空间位置及施焊顺序等。

3）焊接试件的材质必须与所生产的结构件相同。试件的类型应根据所统计的焊接接头的类型需要来确定选取哪些试件及其数量。试件的基本形式如图 6-23 所示。图 6-23a 为板状试件；图 6-23b 为管状试件；图 6-23c 为 T 形接头试件。

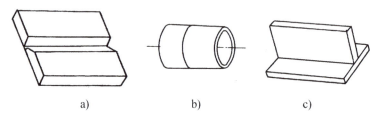

a)   b)   c)

图 6-23   试件基本形式

4）焊接工艺评定所用的焊接设备应与结构施焊时所用设备相同。要求焊机状态良好，性能稳定，调节灵活。焊机上应有有关的工艺参数显示所用的仪表，如电流表、电压表、焊接速度、气体压力表和流量计等。

焊接工艺装备就是为了焊接各种位置的各种试件而制作的支架，将试件按要求的焊接位置固定在支架上进行焊接，有利于保证试件的焊接质量。

5）焊接工艺评定试件应由本单位技术熟练的焊工施焊，并且焊工需按所提供的"焊接工艺指导书"中规定施焊。

6）焊接工艺评定试件的焊接是关键环节，除要求焊工认真操作外，尚应有专人做好实焊记录，如焊接位置、焊接电流、电弧电压、焊接速度、气体流量等实际数值，以便事后填进"焊接工艺评定报告"表内。

7）试件焊接完即可交给力学性能与焊缝质量检验部门进行有关项目的检测。

常规性能检测项目包括：焊缝外观检验；探伤检验；力学性能检验（拉伸试验、面弯、背弯或侧弯等弯曲试验及冲击韧度试验等）；金相检验；断口检验等。

8）编制"焊接工艺评定报告"。各种评定试件的各项试验报告汇集之后，即可按表 6-2 编制"焊接工艺评定报告"。

表 6-2　焊接工艺评定报告表

编　号				日　期			年　月　日	
相应的焊接工艺指导书编号								
焊接方法				接头形式				
工艺评定试件母材	钢板	材质		管子	材质			
		分类号			分类号			
		规格			规格			
质量证明书				复检报告编号				
焊条型号				焊条规格				
焊接位置				焊条烘干温度				
焊接参数	电弧电压 /V		焊接电流 /A	焊接速度 /（cm/min）			焊工姓名	
							焊工钢印号	
试验结果	外观检验	射线探伤	拉伸试验		弯曲试验 $\alpha=$		宏观金相检验	冲击韧度试验
			R_{eL}	R_m	面弯	背弯		
报告号								
焊接工艺评定结论								
审　批				报告编制				

　　焊接工艺评定报告中结论为"合格"，即可作为编制"焊接工艺规程"的主要依据。如果出现了焊接工艺评定项目中的一些项目未获得通过，这也是正常的，此时，则需针对问题，重新修改有关焊接参数，甚至改变焊接方法、焊接材料，重新组织试验，直到获得满意的结果。所以说，合理的焊接参数及热参数是在工艺评定的试验过程中确定的，并成为编制焊接工艺规程的主要依据。

综 合 训 练

一、名词解释

1. 装配 2. 定位基准 3. 定位焊 4. 测量基准 5. 相对平行度 6. 相对垂直度 7. 同轴度

二、填空题

1. 无论何种装配方案都需要对零件进行_____、_____和_____，这就是装配的三个基本条件。

2. 在焊接生产中，通常是根据零件的具体情况选取零件的定位方法，常用的定位方法有_____、_____、_____、_____等。

3. 用一些特定的定位元件（如板块、角钢、销轴等）构成_____，来确定零件位置，并用_____夹紧装配称为定位元件定位法。

4. 对于批量生产的焊接结构，若需装配的零件数量较多，内部结构又不很复杂时，可将工件装配所用的各_____、_____和_____三者组合为一个整体，构成装配胎架。

5. 在焊接结构生产中，常见的测量项目有：_____、_____、_____、同轴度及_____等。

6. 铅垂度的测量是测定工件上_____是否与_____垂直。常用_____或经纬仪测量。

7. 装配-焊接顺序基本上有三种类型：_____、_____和_____。

8. 为了正确地选择焊接方法，必须了解各种焊接方法的_____及_____，还需要考虑各种焊接方法对_____的要求、_____、_____以及_____等。

9. 确定焊接材料时，还必须考虑到焊缝的_____、_____以及在高温、低温或腐蚀介质工作条件下的性能要求等。

10. 预热温度的高低应根据_____、_____和_____等因素通过焊接性试验而定。

11. 钢材的淬硬倾向_____、冷却速度_____、结构刚性_____，其预热温度要相应提高。

12. 后热是在焊后立即对焊件全部（或局部）利用预热装置进行加热到_____并保温 1～2h 后_____的工艺措施，其目的是防止_____，避免_____的产生。

13. 对于板厚较大，又是承受_____的结构，其外形尺寸越_____、焊缝越多越长，残余应力也越_____，也就越需要焊后热处理。

三、简答题

1. 装配三要素是什么？它们之间的关系如何？

2. 简述定位的基本原理。

3. 选择定位基准时应考虑哪些问题？

4. 简述平行度测量的基本原理。

5. 常用的装配工艺方法有哪些？如何进行选择？

6. 装配方法是如何进行分类的？

7. "部件装焊-总装焊"装配法的优越性体现在哪些方面？

8. 焊接参数的选择应考虑哪些方面？

9. 什么是预热？其目的是什么？

10. 焊后热处理的目的有哪些？

第七章

装配-焊接工艺装备

 [学习目标]

通过本章的学习，让学生在了解焊接工艺装备的种类、作用等基本知识，熟悉装配-焊接过程中所用的焊接工艺装备夹具、焊接变位机械的常见形式，掌握常用工艺装备的适用范围及使用方法的基础上，能够对给定的典型焊接结构进行正确焊接工艺装备的选择及使用。

第一节　概　　述

装配-焊接工艺装备是在焊接结构生产的装配与焊接过程中起配合及辅助作用的工夹具、机械装置或设备的总称，简称焊接工装。积极推广和使用与产品结构相适应的焊接工装，对提高产品质量，减轻焊接工人的劳动强度，加速焊接生产，实现机械化、自动化进程等诸多方面起着非常重要的作用。

一、焊接工装的作用

纯焊接操作在焊接结构生产全过程中所需作业工时较少（仅占 25%~30%），大部分工时用于备料、装配及其他辅助工作。这些工作影响了焊接结构生产进度，特别是伴随高效率焊接方法的应用，这种影响日益突出。解决这一影响的最佳途径是大力推广使用机械化和自动化程度较高的焊接工装。

焊接工装的作用主要表现在以下几方面：

1) 定位准确、夹紧可靠，可部分或全部取代焊件的划线工作；减小了焊件的尺寸偏差，提高其精度和互换性。

2）防止和减小焊接变形，减轻了焊接后的矫正工作量，达到减少工时消耗和提高劳动生产率的目的。

3）能够保证最佳的施焊位置，焊缝的成形性优良，工艺缺陷明显降低，可获得满意的焊接接头。

4）采用焊接工装进行焊件的定位、夹紧以及翻转等繁重的工作，改善了工人的劳动条件。

5）可以扩大先进工艺方法和设备的使用范围，促进焊接结构生产机械化和自动化的综合发展。

二、焊接工装的分类及应用

焊接工装可按其功能、适用范围或动力源等进行分类。分类方法见表 7-1。

表 7-1　焊接工装的分类方法及应用

分类方法	工装名称	主要形式		基本应用
按功能分类	装配焊接夹具	定位器		主要是对焊件进行准确的定位和可靠的夹紧
		夹紧器		
		拉紧及顶撑器		
		装配胎架		
	焊接变位机械	焊件变位机	焊接回转台	将焊件回转或倾斜，使接头处于水平或船形位置
			焊接翻转机	
			焊接滚轮架	
			焊接变位机	
		焊机变位机	平台式操作机	将焊接机头或焊枪送到并保持在待焊位置，或以选定的焊接速度沿规定的轨迹移动焊机
			悬臂式操作机	
			伸缩臂操作机	
			门架式操作机	
		焊工变位机		焊接高大焊件时带动焊工升降
	焊接辅助装置			为焊接工作提供辅助性服务
按适用范围分类	专用工装			适用于某一种焊件的装配和焊接
	通用工装			不需调整即能适用于多种焊件的装配和焊接
	组合式工装			使用前需将各夹具元件重新组合才能适用于另一种产品的装配和焊接

（续）

分类方法	工装名称		主要形式	基本应用
按动力源分类			手动工装	依靠人工完成焊件的定位、夹紧或运动
			气动工装	利用压缩空气作为动力源
			液压式工装	利用液体压力作为动力源
	电动工装		电磁工装	利用电磁铁产生的磁力作为动力源
			电动工装	利用电动机的转矩作为动力源

三、焊接工装的组成及选用原则

1. 焊接工装的基本组成

装配-焊接夹具一般由定位元件（或装置）、夹紧元件（或装置）和夹具体组成。夹具体起着连接各定位元件和夹紧元件的作用，有时还起着支承焊件的作用。

焊接变位机械基本由原动机（力源装置）、传动装置（中间传动机构）和工作机（定位及夹紧机构）三个基本部分组成，并通过机体把各部分连接成整体。

图 7-1 所示是一种典型的夹紧装置。力源装置（气缸）是产生夹紧作用力的装置，通常是指机动夹紧时所用的气压、液压、电动等动力装置；中间传动机构（斜楔）起着传递夹紧力的作用，工作时可以通过它改变夹紧作用力的方向和大小，并保证夹紧机构在自锁状态下安全可靠；夹紧元件（压板）是夹紧机构的最终执行元件，通过它和焊件受压表面直接接触完成夹紧；焊件通过定位销进行定位。

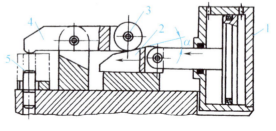

图 7-1　焊接工装的基本组成

1—气缸　2—斜楔　3—辊子
4—压板　5—焊件

2. 焊接工装选用的基本原则

焊接工装的选用与焊接结构产品的各项技术要求及经济指标有着密切的联系。其一，焊接结构的生产规模和生产类型，在很大程度上决定了选用工艺装备的经济性、专用化程度、完善性、生产率及构造类型。其二，产品的质量、外观尺寸、结构特征以及产品的技术等级、重要性等也是选择工艺装备的重要依据。其三，在产品生产工艺规程中对工艺装备的选用有着较明确的要求和说明（如零部件有效定位、夹紧、反变形、定位焊、施焊等），这些内容对选择工艺装备有很强的指导性。除上述之外，还有以下几点原则：

（1）工艺装备的可靠性 主要包括承载能力、结构刚性、夹紧力大小、机构的自锁性、安全防护与制动、结构自身的稳定性以及负载条件下的稳固性等。

（2）对制品的适应性 主要包括焊件装卸的方便性、待焊焊缝的可达性、可观察性、对焊件表面质量的破坏性以及焊接飞溅对结构的损伤等。

（3）焊接方法对夹具的某种特殊要求 闪光对焊时，夹具兼作导电体；钎焊时，夹具兼作散热体。因此，要求夹具本身具有良好的导电性和导热性。

（4）安装、调试、维护的可行性 主要涉及生产车间的安装空间、起重能力、力源配备、主要易损件的备件提供方式、车间维护能力、操作者技术水平等。

（5）尽量选用已通用化、标准化的工艺装备 这样可减少投资成本并缩短开发周期。

第二节 定位及夹紧装置

焊接结构生产中经常采用的定位及夹紧装置有：装配定位焊夹具、焊接夹具、矫正夹具等。其中，定位是夹具结构设计及夹具应用的关键问题，定位方案一旦确定，则其他组成部分的总体配置也基本随之确定。

一、焊件的定位及定位器

1. 定位原理

在装焊作业中，将焊件按图样或工艺要求在夹具中得到确定位置的过程称为定位。

在空间直角坐标系中的任一刚体存在六个自由度，即沿 Ox、Oy、Oz 三个轴向的相对移动和三个绕轴的相对转动，如图 7-2a 所示。若将坐标平面看作是夹具平面，要使焊件在夹具中具有准确和确定不变的

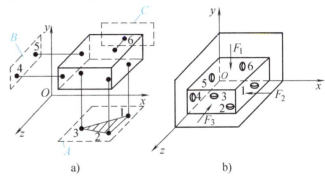

a)　　　　　　　　　b)

图 7-2 焊件的定位

位置，则必须限制这六个自由度。每限制一个自由度，焊件就需要与夹具上的一个定位点相接触，这种以六点限制焊件六个自由度的方法称为"六点定位规则"。将图 7-2b 中的小圆块视为定位点，依靠夹紧力 F_1、F_2、F_3 来保证焊件与夹具上定位点间的紧密接触，则可得到焊件在夹具中完全定位的典型方式。在 xOz 面上设置了三个定位点，可以限制焊件沿 Oy 轴方向的移动和绕 Ox 轴、Oz 轴的转动三个自由度；在 yOz 面上有两个定位点，可以限制焊件沿 Ox 轴方向的移动和绕 Oy 轴的转动两个自由度；在 xOy 面上设置一个定位点，用以限制焊件沿 Oz 轴方向的移动一个自由度。

2. 定位基准的选择

焊件进行装配或焊接时的定位基准，是由工艺人员在编制产品结构的工艺规程时确定的。夹具设计人员进行夹具设计时，也是以工艺规程中所规定的定位基准作为研究和确定焊件定位方案的依据。

选择定位基准时需着重考虑以下几点：

1）定位基准应尽可能与焊件设计基准重合，以便消除和减小因基准不重合而产生的误差。通常选取焊件上的孔中心距、支承点间距等作为定位基准，以保证配合尺寸的尺寸公差。

2）应选用焊件上平整、光洁的表面作为定位基准，当定位基准面上有焊接飞溅物、焊渣等不平整时，不宜采用大基准平面或整面与焊件相接触的定位方式，而应采取一些突出的定位块以较小的点、线、面与焊件接触的定位方式，这有利于对基准点的调整和修配，减小定位误差。

3）定位基准夹紧力的作用点应尽量靠近焊缝区。这是为使焊件在加工过程中受夹紧力或焊接热应力等作用所产生的变形最小。

4）可根据焊接结构的布置、装配顺序等综合因素来考虑。

5）应尽可能使夹具的定位基准统一，这样便于组织生产和有利于夹具的设计与制造，尤其是产品的批量大，所应用的工装夹具较多时，更应注意定位基准的统一性。

3. 定位器及其应用

定位器可作为一种独立的工艺装置，也可以是复杂夹具中的一个基本元件。定位器的形式有多种，如挡铁、支承钉或支承板、定位销及 V 形块等。使用时，可根据焊件的结构型式和定位要求进行选择。

（1）平面定位用定位器 焊件以平面定位时常采用挡铁、支承钉（板）等进行定位。

1）挡铁是一种应用较广，且结构简单的定位元件，可使焊件在水平面或垂直面内进行定位。

① 固定式挡铁（如图 7-3a 所示）一般可采用一段型钢或一块钢板按夹具的定位尺寸直接焊接在夹具体或装配平台上使用。

② 可拆式挡铁（如图 7-3b 所示）是当固定挡铁对焊件的安装和拆卸有影响时，可在定位平面上加工出孔或沟槽，挡铁直接插入夹具体或装配平台的锥孔中，不用时可以拔除，也可用螺栓固定在平台上定位焊件。

③ 永磁式挡铁（如图 7-3c 所示）采用永磁性材料制成，使用非常方便，一般可定位 30°、45°、70°、90°夹角的铁磁性金属材料。

④ 可退式挡铁（如图 7-3d 所示）是为保证复杂的结构件经定位焊或焊接后，能从夹具中顺利取出，通过铰链结构使挡铁用后能迅速退出，从而提高工作效率。

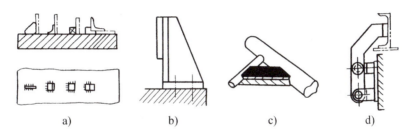

a)　　　　　　b)　　　　　　c)　　　　　　d)

图 7-3　挡铁的结构型式

a）固定式　b）可拆式　c）永磁式　d）可退式

挡铁的定位方法简便，定位精度不太高，所用挡铁的数量和位置主要取决于结构型式、选取的基准以及夹紧装置的位置。对于受力（重力、热应力、夹紧力等）较大的挡铁，必须保证挡铁具有足够的强度。

2）支承钉或支承板一般有固定式和可调式两种。

① 固定式支承钉（如图 7-4a 所示）一般固定安装在夹具体上，根据功能不同又分三种类型：平头支承钉用来支承已加工过的平面的定位；球头支承钉用来支承未经加工粗糙不平的毛坯表面或焊件窄小表面的定位；带齿纹头的支承钉多用在焊件侧面，以增大摩擦系数，防止焊件滑动，使定位更加稳定。

② 可调式支承钉（如图 7-4b 所示）用于焊件表面未经加工或表面精度相差较大，而又需以此平面做定位基准时选用。可调支承钉采用与螺母旋合的方式按需要调整高度，适当补偿零件的尺寸误差。

③ 支承板定位（如图 7-4c 所示）时支承板构造简单，一般用螺钉紧固在夹

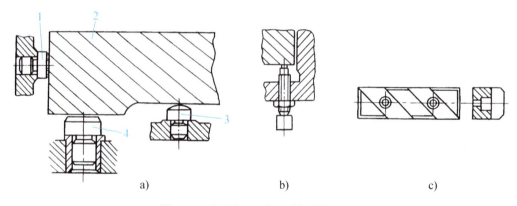

图 7-4　支承钉（板）的结构型式

a）固定式支承钉　b）可调式支承钉　c）支承板

1—齿纹头式　2—焊件　3—球头式　4—平头式

具体上，可进行侧面、顶面和底面定位。

（2）圆孔定位用定位器　利用零件上的装配孔、螺钉孔或螺栓孔及专用定位孔等作为定位基准时，多采用定位销定位。

1）固定式定位销（如图 7-5a 所示）常装在夹具体上，头部有 15°倒角，以符合工艺要求且安装方便。

2）可换式定位销（如图 7-5b 所示）通过螺纹与夹具体相连接。大批量生产时，定位销磨损较快，为保证精度须定期维修和更换。

3）可拆式定位销（如图 7-5c 所示）又称插销，焊件之间依靠工艺孔用定位销定位，一般情况是定位焊后拆除该定位销才能进行焊接。

4）可退式定位销（如图 7-5d 所示）采用铰链形式使圆锥形定位销应用后可及时退出，便于焊件的装卸。

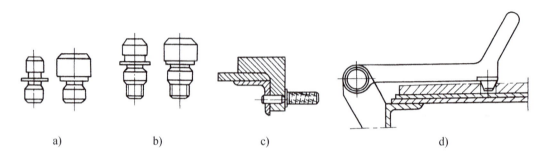

图 7-5　定位销的结构型式

a）固定式　b）可换式　c）可拆式　d）可退式

（3）外圆表面定位用定位器　生产中管子、轴及小直径圆筒节等圆柱形焊件的固定和定位多采用 V 形块。表 7-2 是 V 形块的结构尺寸。

表 7-2　V 形块的结构尺寸

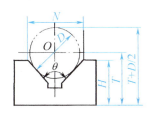

两斜面夹角	θ	60°	90°	120°
标准定位高度	T	$T = H + D - 0.866N$	$T = H + 0.707D - 0.5N$	$T = H + 0.577D - 0.289N$
开口尺寸	N	$N = 1.15D - 1.15\alpha$	$N = 1.41D - 2\alpha$	$N = 2D - 3.46\alpha$
参　　数	α	$\alpha = (0.146 \sim 0.16)D$		

1）固定式 V 形块（如图 7-6a 所示）对中性好，能使焊件的定位基准轴线在 V 形块两斜面的对称平面上，而不受定位基准直径误差的影响。

2）可调式 V 形块（如图 7-6b 所示）一般用于同一类型但尺寸有变化的焊件，或用于可调整夹具中。

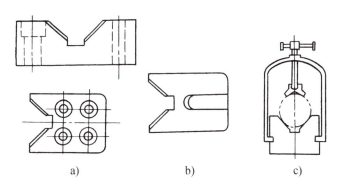

图 7-6　V 形块的结构型式与应用

a）固定式　b）可调式　c）V 形块的应用

图 7-6c 所示是 V 形块与螺旋夹紧器配合使用的工作状态。

（4）定位器使用注意事项

1）焊接定位器应配置在焊件加工表面附近。

2）对型钢类焊件，如角钢、槽钢等，焊接定位器要布置在背面或棱边上，避免布置在内侧斜面上。

3）焊接定位器的布局不应妨碍切割和焊接操作。

4）布置焊接定位器时，应对所装配焊件的变形有所估计，以防止装配焊接完成后焊件取不下来。

5）定位器应具有一定的耐磨性和结构刚度。

二、焊件夹紧装置

利用某种施力元件或机构使焊件达到并保持预定位置的操作称为夹紧，用于夹紧操作的元件或机构称之为夹紧器或夹紧机构。夹紧器是装配焊接夹具中最重要的基本组成部分。

1. 对夹紧机构的基本要求

1）夹紧作用准确，处于夹紧状态时应能保持自锁，保证夹紧定位的安全可靠。

2）夹紧动作迅速，操作方便省力，夹紧时不应损坏焊件表面质量。

3）夹紧件应具备一定的刚性和强度，夹紧作用力应是可调节的。

4）结构力求简单，便于制造和维修。

2. 常用夹紧机构

夹紧器对零部件的紧固方式有压紧、拉紧、推拉和顶压（或撑开）4种，如图7-7所示。夹紧器按其夹紧力的来源，可分为手动夹具和非手动夹具两大类。手动夹具包括楔形夹紧器、螺旋夹紧器、偏心轮夹紧器、杠杆夹紧器等；非手动夹具包括气动夹紧器、液压夹紧器、磁力夹紧器等。

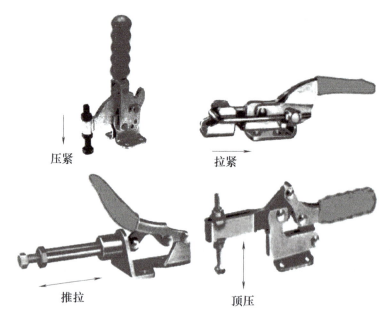

压紧　　　　　　　拉紧

推拉　　　　　　　顶压

图 7-7　装配夹具的紧固方式

（1）楔形夹紧器　楔形夹紧器主要通过斜面的移动所产生的压力夹紧焊件。图7-8是斜楔工作示意图，为了保证斜楔稳定的工作状态，手动（锤击）夹紧时一般取斜楔升角 $\alpha = 6° \sim 8°$，当斜楔动力源由气压或液压提供时，可扩大斜楔升角

$\alpha = 15°\sim30°$。适当加大斜楔升角和制成双斜面斜楔，可减小夹紧时楔的行程，提高生产率。

斜楔夹紧器结构简单，易于制造，既可独立使用又能与其他机构如气压或液压等动力源联合使用。手动斜楔夹紧力不很大，效率较低，多用于单件小批生产或在现场对大型金属结构的装配与焊接。

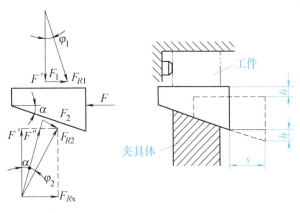

图 7-8　斜楔工作示意图

（2）螺旋夹紧器　螺旋夹紧器一般由螺杆、螺母和主体三部分组成，如图 7-9 所示，通过螺杆与螺母的相对旋动达到夹紧工件的目的。

为避免螺杆直接压紧焊件造成表面压伤和产生位移，通常是在螺杆的端部装有可以摆动的压块。图 7-10 所示是常用摆动压块的结构型式，图 7-10 所示压块端面光滑，用来夹紧已加工表面；图 7-10b 所示压块端面带有齿纹，用于比较粗糙的零件表面。压块与螺杆间采用螺纹或钢丝挡圈略微活动的连接方式。

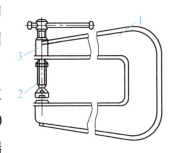

图 7-9　螺旋夹紧器

1—主体　2—螺杆　3—螺母

螺旋夹紧器具有通用性强、结构简单、制造方便、夹紧力大和使

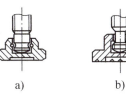
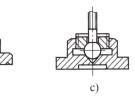

a)　　　　　b)　　　　　c)　　　　　d)

图 7-10　摆动压块结构型式

用可靠等优点，既可单独使用，也可与其他机构联合使用。螺旋夹紧器的缺点是夹紧动作缓慢（每转一圈前进一个螺距），辅助时间长和工作效率不高。为了克服上述缺点，研制出了几种快速夹紧的结构。图 7-11a 所示为旋转式螺旋夹紧器，特点是夹紧机构的横臂可以绕转轴进行旋转，便于快速装卸焊件。图 7-11b 所示为铰接式螺旋夹紧器，特点是夹紧主体可以绕铰接点旋转到夹具体下面，焊件可顺利装卸，螺旋的行程可根据焊件的厚度和夹紧装置确定。图 7-12c 所示为快撤式螺旋夹紧器，螺母套筒 1 不直接固定在主体 4 上，而是以它外圆上的 L 形槽沿着主体上的定位销 3 来回移动。工件装入后，推动手柄 2 使螺母套筒 1 连同螺栓 5 快速接近工件。转动手柄使定位销 3 进入螺母套筒的圆周槽内，螺母不能轴向移

动，再旋转螺栓便可夹紧工件。卸下焊件时，只要稍松螺栓，再用手柄转动螺母套筒使销进入螺母套筒外圆的直槽位置，便可快速撤回螺栓，取出焊件。

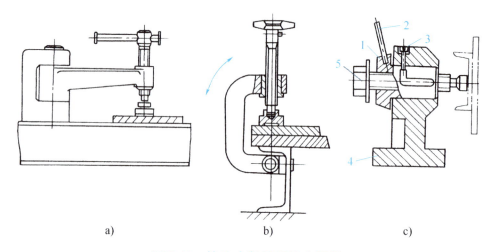

图 7-11 快速夹紧的螺旋夹紧器

a）旋转式 b）铰接式 c）快撤式

1—螺母套筒 2—手柄 3—定位销 4—主体 5—螺栓

图 7-12 所示是螺旋夹紧器在焊接结构生产中装配工字梁、对齐对接钢板错边以及装配压力容器人孔的实际应用。

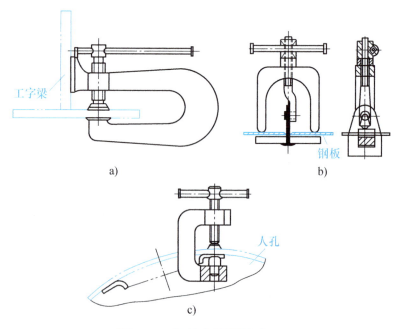

图 7-12 螺旋夹紧器的应用

a）装配工字梁 b）对齐对接钢板错边 c）装配压力容器人孔

制造螺杆的材料常用 45 钢，热处理表面硬度为 33~38HRC。螺纹形状与螺杆直径有关，一般直径在 12mm 以下采用管螺纹；直径超过 12mm 则采用梯形螺纹。螺母容易磨损，一般做得较厚，还可以设计成套筒螺母固定在主体上。

（3）偏心轮夹紧器　偏心轮是指绕一个与几何中心相对偏移一定距离的回转中心而旋转的零件。偏心轮夹紧器是由偏心轮或凸轮的自锁性能来实现夹紧作用的夹紧装置，图 7-13 为偏心轮夹紧器的结构特性示意图。O_1 是圆偏心轮的几何中心，R 是圆半径；O 是圆偏心轮的回转中心，R_0 是最小回转半径；两中心的距离为 e（偏心距），即 $e=R-R_0$，（一般 $e<0.05D$）。当圆偏心轮绕 O 点回轮时，外圆上与焊件接触的各点到 O 点的距离逐渐

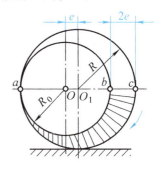

图 7-13　偏心轮夹紧器的结构特性示意图

增加，增加的部分相当一个弧形楔，回转时依靠弧形楔卡紧在半径为 R_0 圆与焊件被压表面之间，将焊件夹紧。

图 7-14 所示是具有弹簧自动复位装置的偏心轮夹紧器。图 7-14a 所示是钩形压头靠转动偏心轮夹紧作用来固定焊件，松脱时，依靠弹簧使钩形压头离开焊件复位。为便于装卸焊件，钩形压头可制成转动结构型式。图 7-14b 所示是采用压板同时夹紧两个焊件，松开时，压板被弹簧顶起，并可绕轴旋转卸下焊件。图 7-14c 所示是专用于夹持圆柱表面和管子的偏心轮夹紧器。V 形底座用来定位圆管件，转动卡板偏心轮时，即可使焊件方便的卡紧和松开。

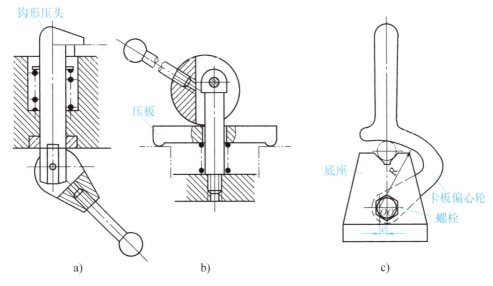

a)　　　　　　　　b)　　　　　　　　c)

图 7-14　具有弹簧自动复位装置的偏心轮夹紧器

偏心轮夹紧器夹紧动作迅速（手柄转动一次即可夹紧零件），有一定自锁性，结构简单，但行程较短。特别适用于尺寸偏差较小、夹紧力不大及很少振动情况下的成批大量生产。制造偏心轮的材料常用 T7 或 T8 钢，热处理硬度为 60~64HRC。

（4）杠杆夹紧器　这是一种利用杠杆作用原理，使原始力转变为夹紧力的夹紧机构。图 7-15 为三种杠杆的夹紧作用示意图，从传力的大小看，若夹紧作用力 F 一定，并且 $L_1 = L/2$ 时，图 7-15c 的夹紧力 F' 最大，图 7-15b 的夹紧力次之，图 7-15a 的夹紧力最小。

图 7-16 所示是一个典型杠杆夹紧器。当向左推动手柄时，间隙 s 增大，焊件则被松开；当向右搬动手柄时，则焊件夹紧。

图 7-17 所示是螺旋-杠杆夹紧器，特点是夹紧力集中在三点，适用于多种管径的夹紧。

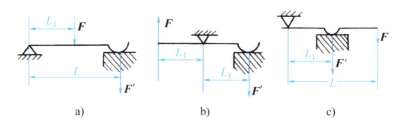

图 7-15　杠杆夹紧作用示意图

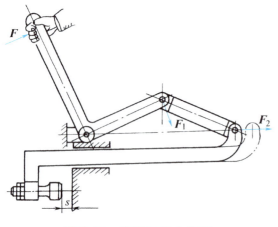

图 7-16　典型杠杆夹紧器

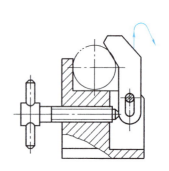

图 7-17　螺旋-杠杆夹紧器

杠杆夹紧器的夹紧动作迅速，结构型式多样，通用性强，而且通过改变杠杆的支点和力点的位置，可起到增力的作用。杠杆夹紧器自锁能力较差，受振动时易松开，所以常采用气压或液压作为夹紧动力源或与其他夹紧元件组成复合夹紧机构，充分发挥杠杆夹紧器可增力、快速或改变力作用方向的特点。

（5）铰链夹紧机构 铰链夹紧机构是用铰链把若干个杆件连接起来实现夹紧焊件的机构，其结构如图7-18所示，夹紧杆1是一根杠杆，一端与带压块的螺杆5连接以便压紧工件，另一端用铰链D与支座4连接；手柄杆2也是一根杠杆，用铰链A与支座4连接。夹紧杆1和手柄杆2通过连杆3用两个铰链C和B连接，包括支座在内共组成一个铰链四连杆机构。连接

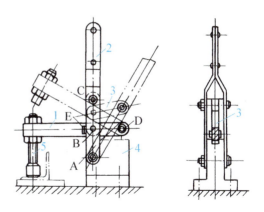

图7-18 连杆式铰链快速夹紧装置结构

1—夹紧杆 2—手柄杆 3—连杆
4—支座（架） 5—螺杆

这些杆件的铰链A、B、C、D的轴线都相互平行，在夹紧和松开过程中，这几个杆件都在垂直铰链轴线的平面内运动。图中位置是焊件正处在被夹紧状态，这时A、B、C要处在一条直线上（即"死点"位置），该直线要与螺杆5的轴线平行而且都垂直夹紧杆1。焊件之所以能维持夹紧状态是靠工件弹性反作用力来实现，该反作用力被手柄杆2对夹紧杆1的作用力所平衡。反作用力的大小决定螺杆5对焊件压紧的程度，它通过调节螺母改变螺杆伸出长度来控制。在夹紧杆上设置一限位块E，是防止手柄杆越过该位置而导致夹紧杆1提升而松夹。用后退出时，只需把手柄往回搬动即可。

铰链夹紧机构的夹紧力小、自锁性能差、怕振动。但夹紧和松开的动作迅速，焊件装卸方便。因此，在大批量的薄壁结构焊接生产中广泛采用。

3. 气动与液压夹紧机构

气动夹紧器是以压缩空气为动力源，推动气缸动作实现夹紧作用。液压夹紧器是以液压油为动力源，推动液压缸动作实现夹紧。气压与液压传动系统的组成及其功能元件见表7-3。

表7-3 气压与液压传动系统的组成及其功能元件

组 成	功 能	实现功能的常用元件	
		气压传动	液压传动
动力部分	气压或液压发生装置，把电能、机械能转换成压力能	空气压缩机	液压泵、液压增压器等

（续）

组　成	功　能	实现功能的常用元件	
		气压传动	液压传动
控制部分	能量控制装置，用于控制和调节流体压力、流量和方向，以满足夹具动作和性能要求	压力控制阀、流量控制阀、方向控制阀等	方向控制阀、稳压阀、溢流阀、过载保护阀等
执行部分	能量输出装置，把压力能转变成机械能，以实现夹具所需的动作	气缸、软管	液压缸
辅助部分	在系统中起连接、测量、过滤、润滑等作用的各种附件	管路、接头、分水排水器、气源调节装置、消声器等	管路、接头、油箱、蓄能器等

（1）气动夹紧器　气动夹紧器由气体供应系统（如管道、各种阀等）、压缩空气动力头（如气缸）、夹紧机构（通过杠杆、楔、斜槽和气动夹紧器配合）等几部分所组成。气压传动用的气体工作压力一般在 0.4～0.6MPa，具有夹紧动作迅速（3～4s 完成），夹紧力可调节，结构简单，操作方便，不污染环境及有利于实现程序控制操作等优点。不足之处是传动不够平稳，夹紧刚性较低，气缸尺寸较大等。

1）气缸是将压缩空气的工作压力转换为活塞的移动，驱使夹紧机构工作的执行元件。按压缩空气作用在活塞端面上的方向（进气方式）分为单向作用气缸和双向作用气缸；按气缸的使用和安装方式可分为固定式、摆动式和回转式三种类型。图 7-19 所示为气缸的结构，图 7-19a 所示为活塞式单向作用气缸，活塞只能向某一个方向推动，依靠弹簧的作用使活塞回程复位。这种气缸活塞杆的行程较小，且活塞杆与导孔间不需要密封装置。图7-19b 所示为活塞式双向作用气缸，通过分配阀将压缩空气分别压入活塞的左右两边，并排出用过的废气。为防止漏气，活塞杆与导孔、活塞与缸体之间都装有密封圈。活塞式气缸的内径通常为50～300mm，气缸直径已标准化。

2）气动夹紧器的应用。气动夹紧器结构类型很多，表 7-4 列举了几种典型的示例，供选用时参考。

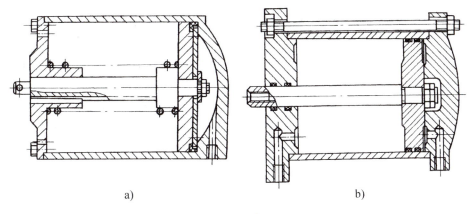

图 7-19　气缸

a）活塞式单向作用气缸　b）活塞式双向作用气缸

表 7-4　典型气动夹紧器的结构示例

名　　称	结构举例	说　　明
气动斜楔夹紧器	栓塞　斜楔　活塞杆	它是气缸通过斜楔进一步扩力后实现夹紧作用的机构，其扩力比较大，可自锁，但夹紧行程小，机械效率低，其夹紧力即为气缸推力
气动杠杆夹紧器		它是气缸通过杠杆进一步扩力或缩力后来实现夹紧作用的机构，形式多样，适用范围广，在装焊生产线上应用较多
气动斜楔-杠杆夹紧器		该机构的气缸通过斜楔扩力后，再经杠杆进一步扩力或缩力，实现夹紧作用。其结构型式多样，能自锁，省能源，在装焊作业中应用较广泛

（续）

名　称	结构举例	说　明
气动铰链-杠杆夹紧器	气缸活塞杆	气缸首先通过铰链连接板扩力，再经杠杆进一步扩力或缩力后，实现夹紧作用的机构。其扩力比大，机械效率高，夹头开度大，一般不具备自锁性能，多用于动作频繁、夹紧速度快、大批量生产的场合
气动杠杆-铰链夹紧器		通过杠杆与连接板的组合将气缸力传递到厚件上实现夹紧的机构。其扩力比大，有自锁性能，机械效率较高，夹头开度大，形式多样，多用于动作频繁的大批量生产场合
气动凸轮-杠杆夹紧器		该机构是气缸力经凸轮或偏心轮扩力后，再经杠杆扩力或缩力后夹紧焊件。其有自锁性能，扩力比大，但夹头开度小，夹紧行程不大，在装焊作业中应用较少

（2）液压夹紧器　液压夹紧器的传动系统由油箱、过滤网、电动机、液压泵、压力表、单向阀、换向阀、液压缸等基本部件组成，其工作原理和工作方式与气压夹紧器相似，只是采用高压液体代替压缩空气。液压传动用的液体工作压力一般在 3~7MPa ，具有结构紧凑、夹紧力大且工作平稳等优点，但液压系统结构复杂，制造精度要求高，成本较高。图 7-20 所示是液压撑圆器，适用于厚壁筒体的对接、矫形及撑圆装配。

4. 磁力夹具

磁力夹具是借助磁力吸引铁磁性材料的焊件来实现夹紧的装置。按磁力的来源可分为永磁式和电磁式两种。

1）永磁式夹紧器采用永久磁铁的剩磁产生的磁力夹紧焊件。此种夹紧器的

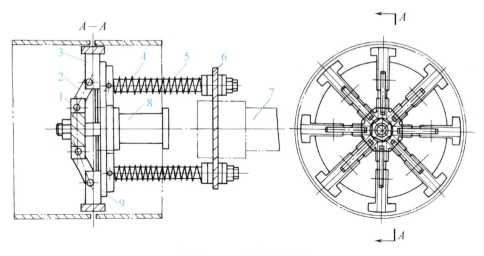

图 7-20　液压撑圆器

1—心盘　2—连接板　3—推撑头　4—支撑杆　5—缓冲弹簧　6—支撑板

7—操作机伸缩臂　8—液压缸　9—导轨花盘

夹紧力有限，用久以后磁力将逐渐减弱，一般用于夹紧力要求较小、电源不便、不受冲击振动的场合，常用它作为定位元件使用。永久磁铁材料为铝-镍-钴合金、锶钙铁氧体磁性材料等。

2）电磁式夹紧器是一个直流电磁铁，通电产生磁力，断电则磁力消失。电磁夹紧器具有装置小、吸力大（如自重 12kg 的电磁铁，吸力可达 80kN）、运作速度快、便于控制且无污染的特点。值得注意的是，使用电磁夹紧器时，应防止因突然停电而可能造成的人身和设备事故。

图 7-21 所示是电磁夹紧器应用示例。图 7-21a 所示用两个电磁铁并与螺旋夹紧器配合使用矫正变形的板料；图 7-21b 所示是利用电磁铁作为杠杆的支点压紧角铁与焊件表面的间隙；图 7-21c 所示是依靠电磁铁对齐拼板的错边，并可代替定位焊；图 7-21d 所示是采用电磁铁作为支

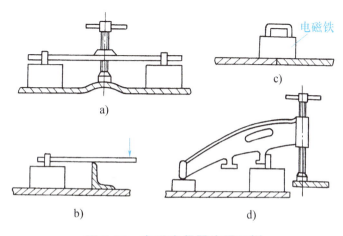

图 7-21　电磁夹紧器应用示例

点使板料接口对齐。

焊接生产中，采用自动焊进行板材直缝的拼接时，常在拼缝的两侧平台上布置长条状的电磁铁吸紧钢材，一般称其为电磁平台。图 7-22 所示为移动式拼板电磁平台。台车中部为焊剂垫的槽 6，两根直径 50~65mm 的软管 2 及 4 可分别充气升起焊剂垫贴紧焊件背面，以保证单面焊双面成形时，焊缝反面成形良好，两侧的电磁铁 8 用于吸紧钢板，防止板条错边、移动及减小角变形。支撑滚轮 5 在软管 3 充气后升起，以便装卸板条和对准接缝。

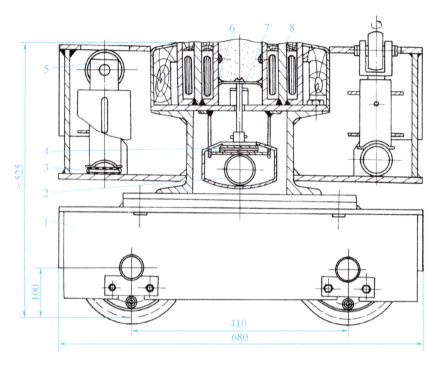

图 7-22　移动式拼板电磁平台

1—移动台车　2、3、4—压缩空气软管　5—支撑滚轮　6—焊剂垫的槽　7—焊剂垫支柱　8—电磁铁

5. 专用夹具

专用夹具是指具有专一用途的焊接工装夹具装置，是针对某种产品的装配与焊接需要而专门制作的。专用夹具的组成基本上是根据被装配焊件的外形和几何尺寸，在夹具体上按照定位和夹紧的要求，安装了不同的定位器和夹紧机构。

6. 组合夹具

组合夹具是由一些规格化的夹具元件，按照产品加工的要求拼装而成的可拆式夹具，适用于品种多、变化快、批量少、生产周期短的场合。

组合夹具按基本元件的功用不同分为基础件、支承件、定位件、导向件、压紧件、紧固件、合成件以及辅助件 8 个类别。

7. 应用夹紧机构的技术要点

应用夹紧机构的核心问题是如何正确施加夹紧力，即确定夹紧力的大小、作用方向和作用点三个要素。

（1）夹紧力大小的确定　主要考虑以下几方面因素：

1）当焊件在夹具上有翻转或回转动作时，夹紧力要足以克服重力和惯性力的影响，保证夹具牢固地夹紧焊件。

2）需要在夹具上实现弹性反变形时，夹紧装置应具有使焊件获得预定反变形量所需的夹紧力。

3）夹紧力要足以应付焊接过程热应力引起的约束应力。

4）夹紧力应能克服焊件因备料、运输等造成的局部变形，以便于结构的装配。

图 7-23 所示为焊件自重 W、焊接热作用力 F 对夹紧力 F' 的影响。从图中不难看出，图 7-23a 所示焊件自重、焊接热作用力与夹紧

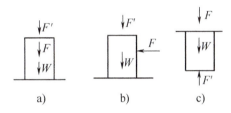

图 7-23　焊件自重及焊接热作用力对夹紧力的影响

力同方向且垂直于定位基准面，因此所需夹紧力最小，图 7-23c 所示所需的夹紧力最大。

（2）夹紧力作用方向的确定　夹紧力的作用方向主要和焊件定位基准的位置及焊件所受外力的作用方向有关。

1）夹紧力一般应垂直于主要定位基准（最好是水平的），使这一表面与夹具定位件的接触面积最大，即接触点的单位压力相应减小，定位稳定牢靠，有利于减小焊件因受夹紧力作用而产生的变形。

2）夹紧力的作用方向应尽可能与所受外力（焊件重力、控制焊接变形所需要的力、工件移动或转动引起的惯性力以及离心力等）的方向相同，使所需设计的夹紧力最小。

（3）夹紧力作用点的确定　作用点的位置主要考虑如何保证定位稳固和最小的夹紧变形，如图 7-24 所示。

1）作用点应位于焊件的定位支承之上或几个支承所组成的定位平面内，以防止焊件的位移、偏转或局部变形。

2）作用点应安置在焊件刚性最大的部位上，必要时，可将单点夹紧改为双

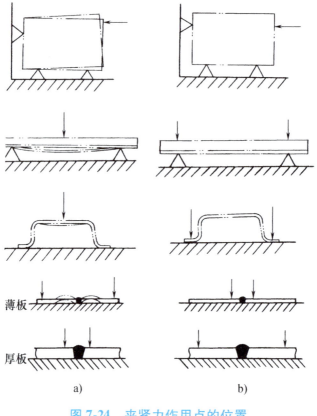

图 7-24　夹紧力作用点的位置

a）不正确　b）正确

点夹紧或适当增加夹紧接触面积。

3）作用点的布置与焊件的厚度有关。对于薄板（板厚 $\delta \leqslant 2mm$）的夹紧力作用点应靠近焊缝，并且沿焊缝长度方向上多点均布，板材越薄均布点的距离越小。厚板的刚性较大，作用点可远离焊缝。

第三节　装配用工夹具及设备

一、装配用工具及量具

常用的装配工具主要有大锤、小锤、錾子、手砂轮、撬杠、扳手及各种划线用的工具等，如图 7-25 所示。常用的装配量具有钢卷尺、钢直尺、水平尺、90°角尺、线锤及各种定位样板等，如图 7-26 所示。

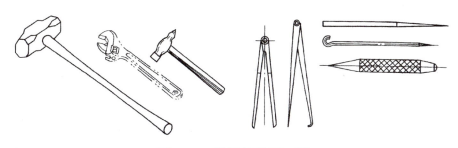

图 7-25　常用的装配工具

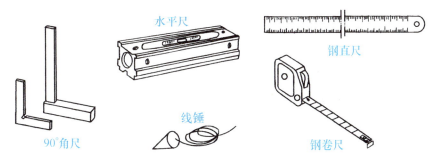

图 7-26　常用的装配量具

二、装配用设备

装配常用设备有平台、转胎、专用胎架等。

1. 对装配用设备的一般要求

1）平台或胎架等应具备足够的强度和刚度。

2）平台或胎架要求水平放置，表面应光滑平整。

3）尺寸较大的装配胎架应安置在相当坚固的基础上，以免基础下沉导致胎具变形。

4）胎架应便于对焊件进行装卸、定位焊等装配操作。

5）设备构造简单，使用及维修方便、容易，成本要低。

2. 装配用平台

（1）铸铁平台　铸铁平台是由许多块铸铁组成的，结构坚固，工作表面需要加工，平面度比较高，面上具有许多孔槽，便于安装夹具，常用于进行结构的装配以及用于钢板和型钢的热加工弯曲。

（2）钢结构平台　钢结构平台是由型钢和厚钢板焊制而成的，它的上表面一般不经过切削加工，所以平面度不及铸造平台，常用于制作大型焊接结构或制作桁架结构。

（3）导轨平台　导轨平台是由安装在水泥基础上的许多导轨排列组成的，每根导轨的上表面都经过切削加工，并有紧固焊件用的螺栓沟槽。这种平台用于制作大型焊接结构件。

（4）水泥平台　水泥平台是由水泥浇灌而成的一种简易而又适合于大面积工作的平台，浇灌前在一定的部位预埋拉桩、拉环，以便装配时用来固定焊件。在水泥平台面上还放置交叉形扁钢（扁钢面与水泥面平齐），作为导电板或用于固定焊件。水泥平台可以拼接钢板、框架和构件，又可以在上面安置胎架进行较大部件的装配。

（5）电磁平台　电磁平台是由型钢和钢板焊制而成的平台及电磁铁组成的。电磁铁能将钢板或型钢吸紧固定在平台上，减少焊件的焊接变形。由充气软管和焊剂组成焊剂垫，用于埋弧焊，可防止漏渣和铁液下淌。

3. 胎具

装配胎具是为了保证产品的装配质量，提高生产率，按照产品的形状和零件装配的位置要求而设计的工装。装配胎具按其功能分为通用胎具和专用胎具，按其动作的方式又分为固定式胎具和旋转式胎具。

（1）固定式胎具　固定式胎具有型钢式胎具和专用胎具，型钢式胎具常用的形式有槽钢、轨道钢、工字钢等，用于直径较小的筒体卧装对接，如图7-27和图7-28所示。筒体在型钢式胎具上卧装时，无论是轴向移动或径向转动都需要人工，劳动强度较大。轴向滑动会对筒体的外表面产生一定的划痕。

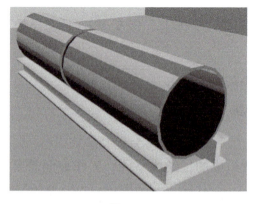 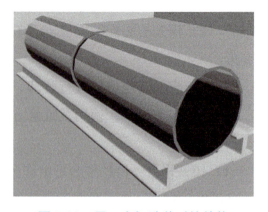

图 7-27　用槽钢卧装对接筒体　　　　图 7-28　用工字钢卧装对接筒体

较大型压力容器封头的组装采用专用胎具，如图7-29所示。专用胎具的模板构成支承工作面，通过放样得出实际形状，然后加工而成。这样的专用胎具只适用于一种形状、尺寸的工件装配使用。较为复杂的结构（如船舶分段），其装配胎具结构也较复杂，胎具的制作往往要消耗较多的工时和材料。

（2）旋转式胎具　旋转式胎分为垂直旋转式胎具和水平旋转式胎具两种。对于分瓣下料的大型压力容器封头的组装，通常采用垂直旋转式胎具。胎具一般采用现场制作，由钢板和加强筋组成，如图 7-30 所示。

水平旋转式胎分为滚轮式胎具、辊筒式胎具和筒体卧装对接机。在对筒体进行卧装时，采用滚轮式胎具和辊筒式胎具，如图 7-31 和图 7-32 所示，可以减轻对接时筒体在径向滚动时的劳动强度，且没有划痕，但是在轴向移动时仍然会对筒体的外表面产生划痕。

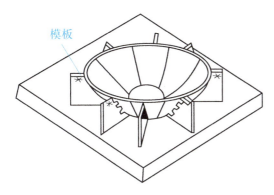

图 7-29　固定式封头专用胎具

图 7-30　多瓣椭圆形封头垂直固定装配胎具装配施焊图

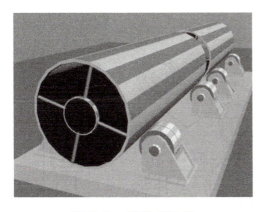

图 7-31　滚轮式胎具

图 7-32　辊筒式胎具

筒体卧装对接机组装如图 7-33 所示，其结构是电动机经减速器减速后，通过刚性联轴器与二次减速器的输入轴连接，再通过套筒联轴器、轴与另一减速器的输入轴连接。两台减速器的输出轴用十字轴万向联轴器分别与辊筒连接。同一轴向的辊筒与辊筒的连接仍然采用十字轴万向联轴器连接。采用筒体卧装对接机进行套筒卧装对接，不仅减轻了劳动强度，而且可一次性对接较长的筒体。

装配胎架应符合下列要求：

1）胎架工作面的形状应与焊件被支承部位的形状相适应。

2）胎架结构应便于在装配中对焊件施行装卸、定位、夹紧和焊接等操作。

3）胎架上应划出中心线、位置线、水平线和检验线等，以便于装配中对焊件随时进行校正和检验。

图 7-33　筒体卧装对接机组装

4）胎架上的夹具应尽量采用快速夹紧装置，并有适当的夹紧力；定位元件需尺寸准确并具有耐磨性，保证焊件定位准确。

4. 装焊吊具

在焊接结构生产中，各种板材、型材以及焊接构件在各工位之间时常要往返吊运，有时还要按照工艺要求进行焊件的翻转、就位、分散或集中等作业，生产准备中的吊装工作量很大，吊装过程中若采用与工件截面形状相应的吊具，对提高输送效率、节省工时、减轻捆挂作业强度及安全生产都起着重要作用。

装焊吊具按其作用原理不同，可分为机械吊具、磁力吊具和真空吊具三类。

（1）机械吊具　图 7-34 所示是一种主要用于板材水平吊装的吊具。吊具成对使用，按照不同的规格，每对吊具的起重量为 1000 ~ 8000kg 不等，整体吊具由吊爪、压板、销轴及吊耳等组成。使用时，若将 4 个吊具通过链条两两并排安装在纵向起吊梁上时，既可用于较

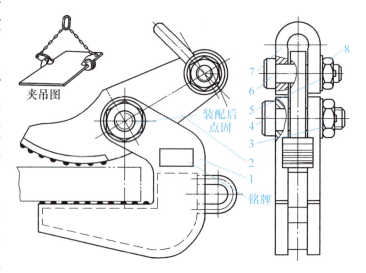

图 7-34　板材水平吊具

1—吊爪　2—压板　3、5—垫圈　4、6—销轴　7—吊耳　8—螺母

长、较薄板材的吊装，还可用于筒节、箱体等结构件的吊装。

为了保证吊具的使用安全，吊具在使用前应进行超载试验。超载量规定为额定载荷的 25%，并持续 10min，卸载后吊具不得有残余变形、微裂或开裂等缺陷，方可使用。

（2）磁力吊具　在磁力吊具中，有永磁式、电磁式及永磁-电磁式吊具。永磁-电磁式吊具是由永久磁铁和电磁铁两部分组成，利用永磁铁吸附焊件，用电磁铁改变极性以增强和削弱磁力。图 7-35 所示为一种永磁-电磁式吊具的结构，当吊具与焊件接触的初期，给电磁铁通电并使电磁铁极性与永久磁铁的极性相

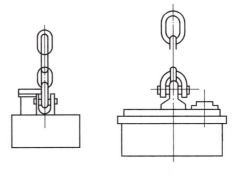

图 7-35　永磁-电磁式吊具

同，以增加吸附力，使焊件牢牢吸附在吊具上，然后关断电流，转为仅依靠永久磁铁吸附焊件；当需要卸料时，反向给电磁铁通入电流，使其极性与永久磁铁的

极性相反，抵消永久磁铁的磁力，达到迅速卸料的目的。应注意磁力吊具仅限于对导磁材料的吊运，而不能用来吊运铜、铝、奥氏体不锈钢等非导磁性材料。

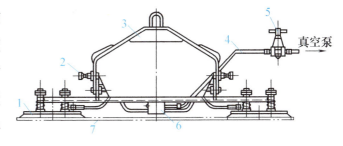

图 7-36　真空吊具

1—吸盘　2—照明灯　3—吊架　4—管路
5—换向阀　6—分配器　7—焊件

（3）真空吊具　图 7-36 所示是一种真空吊具，它由吸盘 1、照明灯 2、吊架 3、管路 4、换向阀 5 及分配器 6 组成。工作时，依靠真空泵将吸盘内抽真空吸附焊件 7。由于吸力有限，因而主要用于吊运表面平整、重量不大的薄型板材。

圆筒节的装配

第四节　焊接变位机械

焊接变位机械的主要作用是改变焊件、焊机、焊接工人的操作位置，达到和保持最佳施焊位置。同时，通过各种焊接变位机械的单独或配套使用，有利于实

现机械化和自动化生产。

一、焊件变位机械

根据结构型式和承载能力的不同，主要有焊接回转台、焊接翻转机、焊接滚轮架和焊件变位机等类型。其作用是支承焊件并使焊件进行回转和倾斜，使焊缝处于水平或船形等易于施焊的位置。

1. 焊接回转台

焊接回转台是将焊件绕垂直轴或倾斜轴回转的焊件变位机械，主要用于高度不大，具有环形焊缝焊件的焊接或封头的切割工作。焊接回转台的工作台一般处于水平或固定在某一倾角位置，并能保证以焊速回转，且均匀可调。

图7-37所示是几种定向回转台的结构，图7-37a所示固定式回转台是常用的电动回转台，在工作台上安放小型焊件，它只需10W的电动机驱动台面，就可使焊件生产率提高5~10倍；图7-37b所示移动式回转台承载能力为500kg，可用人工移位，操作灵活，可通过电动（连续焊缝）或手动（单一变位）实现驱动。图7-37c所示倾角可调式回转台是一种回转轴倾角在一定范围内可调的简化型回转台，用于焊接小型焊件。

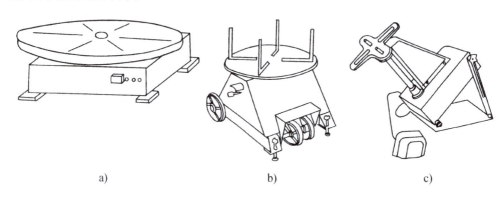

a)　　　　　　　　　　　　b)　　　　　　　　　　　　c)

图7-37　几种定向回转台

a）固定式回转台　b）移动式回转台　c）倾角可调式回转台

2. 焊接翻转机

焊接翻转机是将焊件绕水平轴翻转或倾斜，使之处于有利装焊位置的焊件变位机械。各种焊接翻转机的类型及适用范围见表7-5。

（1）头尾架式翻转机　图7-38所示是一种典型的头尾架式翻转机结构图，头架为固定式安装驱动机构，在头架1的枢轴上装有工作台2、卡盘3或专用夹紧器，可以翻转或按焊接速度转动，并且能自锁于任何角度，以便获得最佳焊接位置。尾架6可以在轨道上移动，枢轴可以伸缩，便于调节卡盘与焊件间的位置。当对短小焊件进行装焊时，可不使用尾架，单独采用头架固定翻转变位。该翻转机最大载重量为4t，加工工件直径为1300mm。安装使用时，应注意使头尾架的两端枢轴在同一轴线上，减小扭转力。头尾架式翻转机的不足之处是工件由两端支承，翻转时在头架端要施加扭转力，因而不适合于刚性小、易弯曲的构件。

表7-5　各种焊接翻转机的类型及适用范围

类　型	变位速度	驱动方式	使用场合
头尾架式	可调	电动机	轴类、筒形和椭圆形焊件的环缝焊以及表面堆焊时的旋转变位
框架式	恒定	电动机或液压	板结构、桁架结构等较长焊件的倾斜变位，工作台上还可进行装配工作
转环式	恒定	电动机	装配定位后刚度很大的梁、柱型构件的翻转变位，多用于大型构件的组对与焊接
链条式	恒定	电动机	非回转体构件的翻转变位
推拉式	恒定	液压	小车架、机座等非长形板结构、桁架结构焊件的倾斜变位。装配和焊接作业可在同一工作台上进行

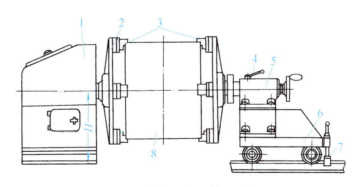

图 7-38　头尾架式翻转机结构图

1—头架　2—工作台　3—卡盘　4—锁紧装置　5—调节装置　6—尾架　7—制动装置　8—焊件

（2）框架式翻转机　图7-39所示是一台可升降的框架式翻转机结构图。焊件装卡在回转框架2上，框架两端安有两个插入滑块中的回转轴。滑块可沿左右两支柱1和3上下移动，动力由电动机7、减速器6带动丝杠旋转，进而使与滑块固定在一起的丝杠螺母升降。框架2的回转是由电动机4经减速器5带动光杠上的蜗杆（可上下滑动）旋转，使与它啮合的蜗轮及与蜗轮刚性固定的框架旋转，实现工件的翻转。为了转动平衡要求，框架和工件合成中心线与枢轴中心线重合。

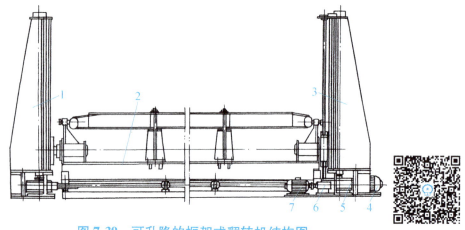

图 7-39　可升降的框架式翻转机结构图

1、3—支柱　2—回转框架　4、7—电动机　5、6—减速器

在只能绕一个水平轴线回转的框架内，安装另一个回转框架，使两框架的回转轴实现正交，焊件可在两个平面内回转，就形成了如图 7-40 所示的多轴式焊接翻转机，多用于小型焊件调整到最佳焊接的位置。

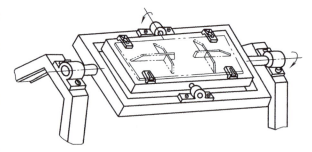

图 7-40　多轴式焊接翻转机

（3）转环式翻转机　将焊件夹紧固定在由两个半圆环组成的支承环内，并安装在支承滚轮上，依靠摩擦力或齿轮传动方式翻转的机构称为转环式焊接翻转机。图 7-41 所示是一种适用于长度和重量都相当大、非圆、截面又不对称的焊件和梁类焊件焊接的转环式翻转机。它具有水平和垂直两套夹紧装置，可用以夹紧和调整工作位置，使支承环处于平衡状态。

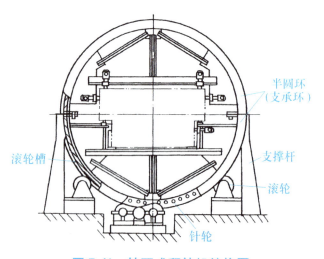

半圆环
（支承环）

滚轮槽

支撑杆

滚轮

针轮

图 7-41　转环式翻转机结构图

多向回转胎架的应用

状态。两半圆环对中是采用销定位，并用锁紧装置锁紧，支承滚轮安放在支承环外面的滚轮槽内，滚轮轴两侧装有两根支撑杆。电动机经减速后带动支承环上的

针轮传动系统，使支承环旋转。

（4）链条式翻转机 链条式翻转机的结构如图 7-42 所示。工作时，驱动装置通过主动链轮带动链条上的焊件翻转变位；从动链轮上装有制动器，以防止焊件自重而产生滑动；无齿链轮用以拉紧链条，防止焊件下沉。链条翻转机的结构简单，焊件装卸迅速，但使用时应注意因翻转速度不均而产生的冲击作用。

（5）液压双面翻转机 图 7-43 所示是 12t 液压双面翻转机结构，工作台 1 可向两面倾斜 90°，并可停留在任意位置。液压双面翻转机结构及工作特点是，在台车底座的中央设置翻转液压缸 2，上端与工作台 1 铰接。当工作台倾斜时，先由四个辅助液压缸（图中未画出）带动四个推拉式销轴 4 动作，两个拉出，两个送进。然后向翻转液压缸供油，推动工作台绕销轴转动倾斜。使用时为防止工件倾倒，焊件应紧固在工作台面上。

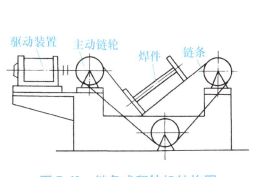

图 7-42 链条式翻转机结构图

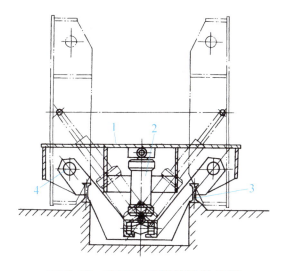

图 7-43 液压双面翻转机结构图

1—工作台 2—翻转液压缸
3—台车底座 4—推拉式销轴

3. 焊接滚轮架

焊接滚轮架是借助主动滚轮与焊件之间的摩擦力带动筒形焊件旋转的焊件变位机械，主要应用于锅炉、压力容器筒体的装配和焊接；适当调整主、从动轮的高度，还可进行锥体、分段不等径回转体的装配和焊接。

（1）长轴式滚轮架 其结构如图 7-44 所示，驱动装置布置在一侧，与一排长轴滚轮相连，另一排长轴滚轮从动。为适应不同直径筒体的焊接，从动轮与驱动轮之间的距离可以调节。由于支承的滚轮较多，适用于长度大的薄壁筒体，而且筒体在回转时不易打滑，能较方便地对准两节筒体的环形焊缝。

（2）组合式滚轮架　如图7-45所示，这是一种由电动机传动的主动滚轮组架（如图7-45a所示）与一个或几个从动滚轮组架（如图7-45b所示）配合而成的滚轮架结构。每组滚轮都是相对独立地安装在各自的底座上，且每组滚轮的轮距是可调的，以适应不同直径筒体的焊接。生产中，选用滚轮组架的多少可根据焊件的质量和长度确定。焊件上的孔洞和凸起部位，可通过调整滚轮位置避开。此种滚轮架使用方便灵活，对焊件的适应性强，是目前焊接生产中应用最广泛的一种结构型式。

（3）自调式滚轮架　自调式滚轮架（如图7-46所示）仍属于组合式滚轮架一类，其主要的特点是可根据工件的直径自动调节滚轮的中心距，适应在一个工作地点装配和焊接不同直径筒体的生产。此类滚轮架的滚轮对数多，对焊件产生的轮压小，可避免焊件表面产生冷作硬化现象或压出印痕。在滚轮摆架上设有定位装置，并可绕其固定心轴自由摆动，左右两组滚轮可以通过摆架的摆动固定在同一位置上；从动滚轮架是台车式结构，可在轨道上移行，根据焊件长度方便地调节与主动滚轮架的距离，扩大其使用范围。

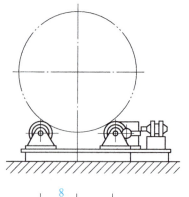

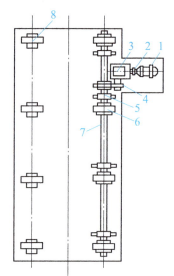

图7-44　长轴式滚轮架结构图

1—电动机　2—联轴器　3—减速器
4—齿轮副　5—轴承　6—主动齿轮
7—公共轴　8—从动滚轮

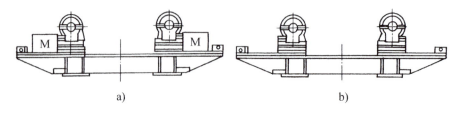

图7-45　组合式滚轮架结构图

a）主动滚轮组架结构图　b）从动滚轮组架结构图

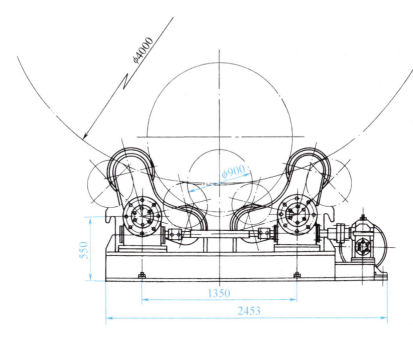

图 7-46 自调式滚轮架结构图

（4）履带式滚轮架 图 7-47 所示是一种履带式滚轮架的结构。工作时，大面积的履带与焊件相接触，接触长度可达到工件圆周长度的 1/6~1/3，有利于防止薄焊件的变形，且传动平稳。适用于轻型、薄壁大直径的焊件及非

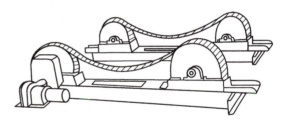

图 7-47 履带式滚轮架的结构

铁金属容器。此种滚轮架不足之处是焊件容易产生螺旋形轴向窜动。

焊接滚轮架的滚轮结构及特点见表7-6。其中，金属材料的滚轮多用铸钢和合金球墨铸铁制作，表面热处理硬度约为50HRC，滚轮直径一般为200~700mm。使用时，可根据滚轮的特点以及适用范围进行选择。

表 7-6 焊接滚轮架的滚轮结构及特点

材 料	特 点	适 用 范 围
钢轮	承载能力强，制造简单	一般用于 60t 以上的焊件和需热处理的焊件
胶轮	钢轮外包橡胶，摩擦力大，传动平稳，但橡胶易损坏	一般多用于 10t 以下的焊件和非铁金属容器
组合轮	钢轮与橡胶轮层相结合承载能力比橡胶轮高，传动平稳	一般用于 10~60t 的焊件

4. 焊件变位机

焊件变位机是集翻转（或倾斜）和回转功能于一身的变位机械。翻转和回转分别由两根轴驱动，夹持焊件的工作台除能绕自身轴线回转外，还能绕另一根轴作倾斜或翻转。因此，可将焊件上各种位置的焊缝调整到水平或"船形"易施焊位置。

（1）伸臂式焊件变位机　如图 7-48 所示，此种变位机主要用于 1t 以下中小型焊件的翻转变位。其工作特点是：带有 T 形沟槽的回转工作台 1 由电动机经过回转机构带动回转，并可规范调整工作台的回转速度，以充分满足不同焊接速度的需求。

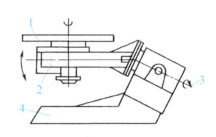

图 7-48　伸臂式焊件变位机结构图

1—回转工作台　2—旋转伸臂

3—倾斜轴　4—底座

旋转伸臂 2 通过电动机和带传动机构以及伸臂旋转减速器传动旋转，伸臂旋转时，其空间轨迹为圆锥面，因此，在改变焊件的倾斜位置的同时将伴随着工件的升高或下降，以满足获得最佳施焊位置的需求。

伸臂式焊件变位机的工作台回转机构中，一般安装测速发电机和导电装置，测速发电机可以进行回转速度反馈，使工作台能以稳定的焊接速度回转，以便获得优良的成形焊缝。导电装置的作用是防止焊接电流通过轴承、齿轮等各级机械传动装置时造成电弧灼伤，影响设备的精度和使用寿命。

（2）座式焊件变位机　图 7-49 所示是一种常用的座式焊件变位机的结构型式，回转工作台 1 连同回转机构支承在两边的倾斜轴 2 上，工作台以焊接速度回转，通过扇形齿轮 3 或液压缸使倾斜轴能在 140°范围内恒速倾斜。此种变位机对焊件生产的适应性较强，在焊接结构生产中应用最为广泛。

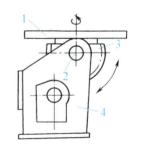

图 7-49　座式焊件变位机结构图

1—回转工作台　2—倾斜轴

3—扇形齿轮　4—机座

图 7-50 所示是座式焊件变位机的基本操作状态示意图，图中箭头表示焊嘴的位置和方向。变位机回转机构传动系统一般采用能均匀调速的直流电动机驱动，可保证工作时能均匀调节回转速度。工作台面上刻有以回转轴为中心的几圈圆环线，作为安装基准用来校正焊件在工作台上的安装位置，加快焊件

安装速度。需要指出的是,当在变位机上焊接环形焊缝时,应根据焊件直径与焊接速度计算出工作台回转速度;当变位机仅考虑工件变位,而无焊速要求时,工作台的回转及倾翻速度可根据焊件几何尺寸及其质量加以确定。

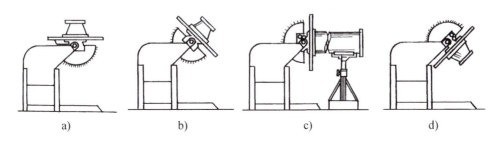

图 7-50 座式焊件变位机的基本操作状态示意图

a)工作台水平 b)工作台倾斜 45° c)工作台倾斜 90° d)工作台倾斜 135°

(3)双座式焊件变位机 此类焊件变位机(如图 7-51 所示)的结构特点是工作台 1 坐落在 U 形架 2 上,U 形架坐落在两侧机座 3 上,工作台以恒速或以焊接速度绕水平轴转动。

双座式焊件变位机是为了获得较高的稳定性和较大的承载能力而设计制造的,特别适用于大型和重型焊件的焊接变位。

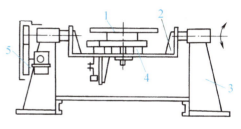

图 7-51 双座式焊件变位机结构图

1—工作台 2—U 形架 3—机座
4—回转机构 5—倾斜机构

由于工作台位于转轴中心线的下面,为了减小倾斜翻转时传动系统所受的阻力,在变位机右侧转轴上装有可调的平衡配重。焊件置于工作台可动部分上面,且用四个螺旋定位与夹紧装置固定。这种变位机的两套传动系统都采用蜗杆传动系统减速,通过交换齿轮调速,故调速范围很大。

应用焊件变位机应注意以下几个问题:

1)注意对变位载荷能力的校核,防止超载运行而产生的各种不良后果。更换焊件时,尤其是严重偏心或重心较高的焊件,应该校核最大回转力矩和最大倾斜力矩。

2)注意调节工作台回转速度或倾斜速度,使之符合焊接速度的要求;回程(变位)时可适当提高转速,以便提高变位效率。

3)恰当配接导电装置,电刷磨损后应及时更换。不能随意将焊接电缆搭在机架上，以防焊接电流通过轴承等传动副，破坏传动性能（可能引起打弧），损伤滚动体。

4）注意因变位机倾斜运动而引起焊接位置（施焊高度）的变化。当焊件尺寸较大时，焊工可能难以适应各条焊缝的施焊高度。这时，可提供专用焊工升降平台或采用地坑来降低焊件的相对高度。

5）注意对倾斜角度的控制，必要时应在机体上增加机械限位措施。

二、焊机变位机械

焊机变位机（又称焊接操作机）是将焊接机头准确送达并保持在待焊位置，或是以选定的焊接速度沿规定的轨迹移动焊接机头，配合完成焊接操作的焊接变位机械。它与焊件变位机械配合使用，可以完成多种焊缝，如纵缝、环缝、对接焊缝、角焊缝及任意曲线焊缝的自动焊接工作，也可以进行焊件表面的自动堆焊和切割工艺。

1. 焊接操作机

（1）平台式操作机　平台式操作机的结构示意图如图7-52所示，将焊接机头1放置在平台2上，可在平台的专用轨道上作水平移动。平台安装在立架3上且可沿立架升降。立架坐落在台车4上，台车沿地轨运行，调整平台与焊件之间的位置。平台式操作机有单轨式和双轨式两种类型，为防止倾覆，单轨式须在车间的墙上或柱上设置另一轨道（如图7-52a所示）；

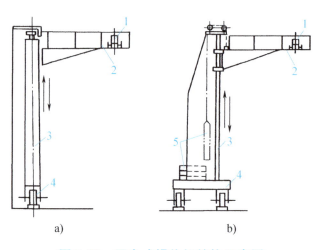

图7-52　平台式操作机结构示意图
a）单轨式　b）双轨式
1—焊接机头　2—平台　3—立架（柱）　4—台车　5—配重

双轨式在台车上或支架上放置配重5平衡（如图7-52b所示），以增加操作机工作的稳定性。

平台操作机主要用于筒形容器的外纵缝和外环缝的焊接。焊接外纵缝时，焊件横放置平台下固定，焊机在平台上沿专用轨道以焊接速度移动完成焊接。当焊接外环缝时，焊机固定，焊件依靠滚轮架回转完成焊接。一般平台上还设置起重电葫芦，目的是吊装焊丝、焊剂等重物，从而保证生产的连续性。

（2）悬臂式操作机 如图 7-53 所示，悬臂式操作机主要用来焊接容器的内纵缝和内环缝。悬臂 3 上面安装有专用轨道，焊机在轨道上移动完成内纵缝的焊接；当焊接内环缝时，焊机在悬臂上固定，容器依靠滚轮架回转而完成工作。悬臂通过升降机构 2 与行走台车 1 相连，悬臂的升降是由手轮通过蜗杆蜗轮机构和螺纹传动机构来实现的。为便于调整悬臂高低和减少升降机构所受的弯曲力矩，安装了平衡锤用以平衡悬臂。通过行走台车的运行来调整悬臂与容器之间的位置。

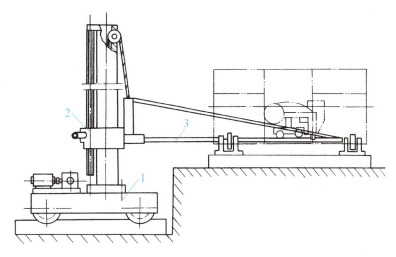

图 7-53 悬臂式操作机结构示意图

1—行走台车 2—升降机构 3—悬臂

（3）伸缩臂式操作机 伸缩臂式操作机（图 7-54）的工作特点是：

1）该操作机具有台车 11 行走运动，立柱 8 回转运动，伸缩臂 5 伸缩运动与升降运动 4 个运动。其作业范围大，机动性强。

2）操作机的伸缩臂 5 能以焊接速度运行，所以与焊件变位机、滚轮架配合，可以完成筒体、封头内外表面的焊接以及螺纹形焊缝的焊接。

3）在伸缩臂的一端除安装焊接机头外，还可安装割炬、磨头、探头等工作机头，完成切割、打磨和探伤等作业，扩大该机的适用范围。

4）该机可以完成各种工位上内外环缝和内外纵缝的焊接任务。

5）操作机的各种运动平稳，无卡楔现象，运动速度均匀。

（4）折臂式操作机 这种操作机的结构示意图如图 7-55 所示，它是横臂 2 与立柱 4 通过两节折臂 3 相连接的，整个折臂可沿立柱升降，因而能方便地将安装在横臂前端的焊接机头移动到所需要的焊接位置上。采用折臂结构还能在完成焊接后及时将横臂从焊件位置移开，便于吊运焊件。折臂式操作机的不足之处是由于两节折臂的连接、折臂与横臂的连接以及折臂与立柱的连接均采用铰接的方式，因此导致横臂在工作时不太平稳。

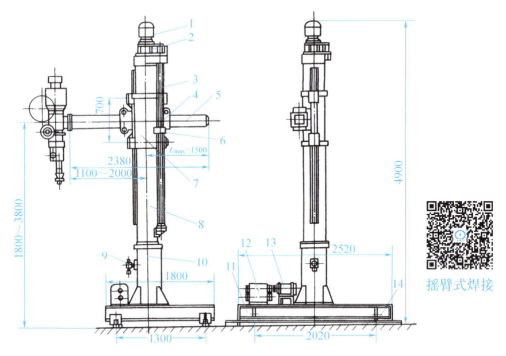

图 7-54　伸缩臂式操作机结构示意图

1—升降电动机　2、12—减速器　3—丝杆　4—导向装置　5—伸缩臂　6—螺母　7—滑座　8—立柱
9—定位器　10—柱套　11—台车　13—行走电动机　14—走轮

摇臂式焊接

（5）门桥式操作机　门桥式操作机是将焊机或焊接机头安装在门桥的横梁上，焊件置于横梁下面，门桥跨越整个焊件，通过门桥的移动或固定在某一位置后以横梁的上下移动及焊机在横梁上运动来完成高大焊件的焊接。图 7-56 所示是一种焊接容器用门桥式操作机，它与焊接滚轮架配合完成容器纵缝和环缝的焊接。门桥的两立柱 2 可沿地轨行走，由一台电动机 5 驱动。通过传动轴带动两侧的驱动轮运行，以保证左右轮的同步。横梁 3 由另一台电动机 4 带动两根螺杆传动进行升降。焊

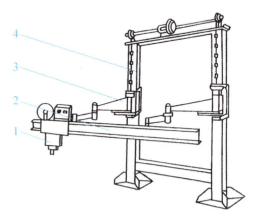

图 7-55　折臂式操作机结构示意图

1—焊机　2—横臂　3—折臂　4—立柱

接机头 6 可沿横梁上的轨道沿长度方向行走。当门桥式操作机仅完成钢板的拼接或平面形的焊接任务时，横梁的高度一般是不可调的，而是依靠焊接机头的调节

对准焊缝。门桥式操作机的几何尺寸大，占用车间面积多，因此使用不够广泛，主要适用于批量生产的专业车间。

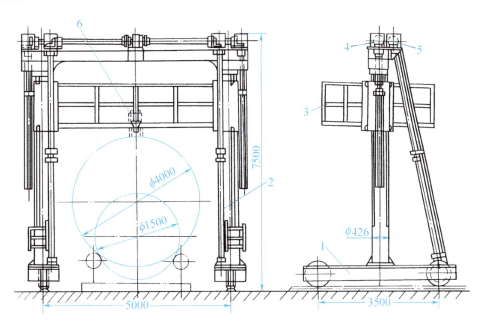

图 7-56 门桥式操作机结构示意图

1—走架 2—立柱 3—横梁 4、5—电动机 6—焊接机头

2. 电渣焊立架

焊接生产中，许多厚板材的拼接以及厚板结构焊接常采用电渣焊方法。电渣焊生产时，焊缝多处于立焊位置，焊接机头沿专用轨道由下而上运动。由于产品结构的多样化，通常需要根据产品的结构型式与尺寸设计配备一套专用的电渣焊接机械装置——电渣焊立架，在立架上安装标准的电渣焊机头进行焊接。

图 7-57 所示是专为焊接小直径筒节纵缝的电渣焊立架。供电渣焊机头爬行的导轨安装在厚 20mm 钢板及槽钢制成的底座 1 上，底座上有台车轨道，以便安置可移动的台车 2。台车上固定可带动筒节回转的圆盘回转台 6，圆盘回转台上有三个调节筒节水平的螺栓，台车一端装有制动器 3。这套电渣焊立架装置可以完成壁厚 60mm、长 2500mm 筒节的纵缝焊接。

三、焊工变位机械

焊工变位机械又称焊工升降台，主要作用是在焊接高大结构或在工地上施工时，将焊工连同焊接或切割设备输送到作业位置。

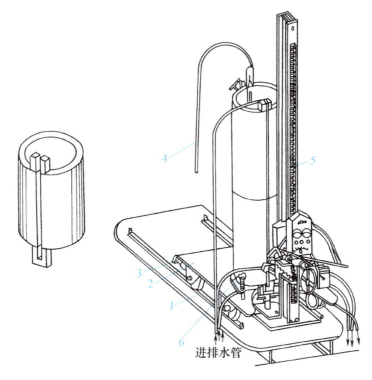

图 7-57　电渣焊立架

1—底座　2—台车　3—制动器　4—电缆线　5—齿条　6—圆盘回转台

1. 移动式液压焊工升降台

图 7-58 所示是一台移动式液压焊工升降台，负荷为 1961.33N，工作台离地面高度可在 1700~4000mm 范围内调节，同时工作台的伸出位置也可改变。底架组成 3 和立架 5 都采用了板焊结构，具有较强的刚性且制造方便。使用时，手摇液压泵 2 可驱动工作台 8 升降，还可以移动小车改变停放位置，并通过支承装置 1 固定。

2. 垂直升降液压焊工升降台

图 7-59 所示为另一种焊工升降台的结构型式，它由底架 6、液压缸 5、铰接杆 4 及平台 2、3 等组成，可使工作台台面从地平面升高 7m，依靠电动液压泵推动顶升液压缸 5 获得平稳的升降。当工作台升至所需高度后活动平台（即工作台）可水平移出，便于焊工接近焊件。此种升降机工作台的负荷量可达 2940N。

设计和使用焊工升降台时，安全因素至关重要。工作台移动要平稳，工作时不应逐渐或突然改变原定位置；其次，还应考虑到装置移动灵活、调节方便、快而准确地到达所要求的焊接位置，并具有足够的承载能力。

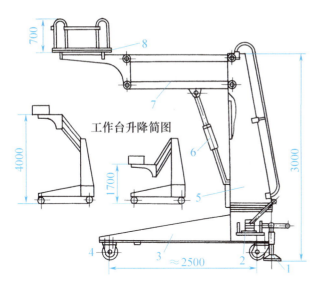

图 7-58 移动式液压焊工升降台

1—支承装置 2—手摇液压泵 3—底架组成 4—走轮

5—立架 6—柱塞液压泵 7—转臂 8—工作台

图 7-59 垂直升降液压焊工升降台

1—活动平台栏杆 2—活动平台 3—固定平台

4—铰接杆 5—液压缸 6—底架（泵体）

7—控制板 8—导轨 9—开关箱

四、焊接变位机械的组合应用

在大批量的焊接结构生产中，各类机械装备采用了多种多样的组合运用形式，这不仅可满足某种单一产品的生产要求，同时也能为具有同一焊缝形式的不同产品服务。通过组合，更加充分发挥焊接机械装备的作用，提高装配焊接机械化水平，实现高质量、高效率的生产。在前面介绍的内容中，已多次提到这种组合形式的应用。

图 7-60 所示是利用平台式操作机和焊接滚轮架相组合进行筒体外环缝焊接的生产实例。若在操作机上安装割炬，还可以完成筒节端部的切割任务。

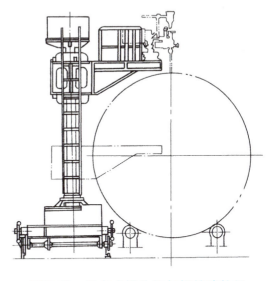

图 7-60 平台式操作机与焊接滚轮架
组合应用

图 7-61 所示是采用两台伸缩臂式操作机与滚轮架相组合生产的实例。每台伸缩臂式操作机上安装了两套焊接机头装置，完成筒体内外环缝的焊接。因此，这种组合可以同时完成四道环缝的焊接任务，使生产率成倍的提高。

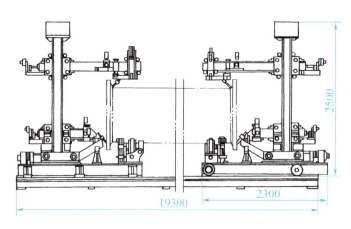

图 7-61　伸缩臂式操作机与滚轮架组合应用

综 合 训 练

一、填空题

1. 装配-焊接工艺装备是焊接结构装配与焊接生产过程中起配合及辅助作用的工装夹具、_____或_____的总称，简称焊接工装。

2. 装配—焊接夹具一般是由_____、_____和_____组成。

3. 夹具体起连接各_____和_____的作用，有时还起_____的作用。

4. 焊接变位机、焊接操作机基本由_____、_____和_____三个基本部分组成，并通过机体把它们连接成整体。

5. 工件以平面定位时常采用_____、_____或_____等进行定位。

6. 装焊吊具按其作用原理不同，可分为_____、_____和_____三类。

7. 焊件变位机械有_____、_____、_____及_____等，其作用是支承焊件并使焊件进行回转和倾斜，使焊缝处于水平或船形等易于施焊的位置。

8. 焊接翻转机是使工件_____或_____的焊件变位机械。

9. 焊接滚轮架是借助_____与_____之间的摩擦力带动_____旋转的焊件变位机械，主要应用于_____的装配与焊接。

10. 焊接滚轮架按结构型式不同有＿＿＿＿＿、＿＿＿＿＿和＿＿＿＿＿三种类型。

二、简答题

1. 焊接工装的作用有哪些？

2. 选用焊接工装应遵循的基本原则有哪些？

3. 布置定位器时的注意事项有哪些？

4. 对夹紧器的基本要求包括哪几方面？

5. 装配用平台的种类有哪些？

6. 应用焊接变位机时的注意事项有哪些？

第八章

典型焊接结构的生产工艺

  [学习目标]

　　通过本章的学习，让学生在了解起重机、压力容器和船舶等典型结构的基本知识，熟悉其结构特点及制造技术要求，掌握其装配焊接要领的基础上，能够对给定的简单的焊接结构进行生产工艺的确定，提高分析和解决实际问题的能力。

第一节　桥式起重机桥架的生产工艺

　　起重机结构型式包括桥式起重机、门式起重机、塔式起重机、汽车起重机等多种形式。其中，以桥式起重机应用最广，其结构的制造技术具有典型性，掌握了它的制造技术，对于其他起重机结构的制造都可借鉴。

一、桥式起重机的组成、主要部件的结构特点及技术标准

1. 桥式起重机的组成

　　桥式起重机由桥架 1、移动机构 2 和载重机构 3 组成，如图 8-1 所示。

　　可移动的桥架由主梁和两个端梁组成，端梁两端装有车轮，由车间两旁立柱悬臂上铺设的轨道支撑；桥架的移动机构用来驱动端梁上的车轮，使其沿着车间长度方向的轨道移动；桥架的载重小车上装有起升机构和小车的移动机构，能沿铺设在桥架主梁的轨道移动。

2. 桥式起重机桥架的组成

　　桥式起重机的桥架的组成如图 8-2 所示，它主要由主梁（或桁梁）、栏杆（或

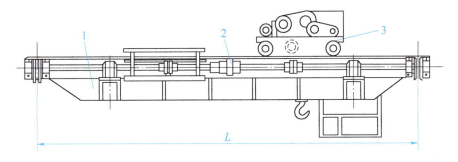

图 8-1　桥式起重机的组成

1—桥架　2—移动机构　3—载重机构

辅助桁架）、端梁、走台（或水平桁架）、轨道及操纵室等组成。

桥架的外形尺寸取决于起重量、跨度、起升高度及主梁结构型式。桥式起重机桥架常见的结构型式如图 8-3 所示。

（1）中轨箱形梁桥架如图8-3a所示，该桥架由两根主梁和两根端梁组成。主梁外侧分别设有走台，轨道放在箱

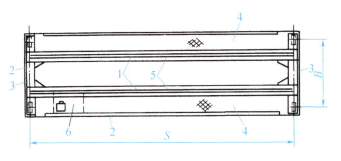

图 8-2　桥式起重机桥架的组成

1—主梁　2—栏杆　3—端梁　4—走台　5—轨道　6—操纵室

形梁的中心线上，小车载荷依靠主梁上翼板和肋板来传递。该结构工艺性好，主梁、端梁等部件可采用自动焊接，生产率高；制造过程中主梁的变形量较大。

（2）偏轨箱形梁桥架　如图 8-3b 所示，它由两根偏轨箱形梁和两根端梁组成。小车轨道是安装在上翼板边缘主腹板处，载荷直接作用在主腹板上。主梁多为宽主梁形式，依靠加宽主梁来增加桥架水平刚性，同时可省掉走台，主梁制造变形较小。

（3）偏轨空腹箱形梁桥架　如图 8-3c 所示，该桥架与偏轨箱形梁桥架基本相

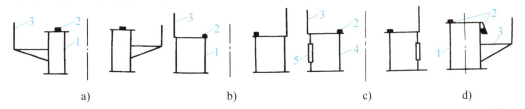

a)　　　　　　　　　　b)　　　　　　　　　　c)　　　　　　　　　　d)

图 8-3　桥式起重机桥架结构型式

1—箱形主梁　2—轨道　3—走台　4—工字形主梁　5—空腹梁

似，只是副腹板上开有许多矩形孔洞，可减轻自重，使梁内通风散热，同时便于内部维修，但制造比偏轨箱形梁麻烦。

（4）箱形单主梁桥架 如图 8-3d 所示，它由一根宽翼缘偏轨箱形主梁与端梁不在对称中心连接，以增大桥架的抗倾翻力矩能力。小车偏跨在主梁一侧使主梁受偏心载荷，最大轮压作用在主腹板顶面轨道上，主梁上要设置 1~2 根支承小车反滚轮的轨道。该桥架制造成本低，主要用于起重量较大、跨度较大的门式起重机。

上述几种桥架形式中，以中轨箱形梁桥架最为典型，应用最广泛，本节所涉及的内容均为该结构。

3. 主要部件结构特点及技术标准

（1）主梁 主梁是桥式起重机桥架中主要受力部件，箱形主梁的一般结构如图 2-35 所示，由左右两块腹板，上下两块翼板以及若干长、短肋板组成。长、短肋板的主要作用是提高梁的稳定性及上翼板承受载荷的能力。

为保证起重机的使用性能，主梁在制造中应遵循一些主要技术要求，如图 8-4 所示。

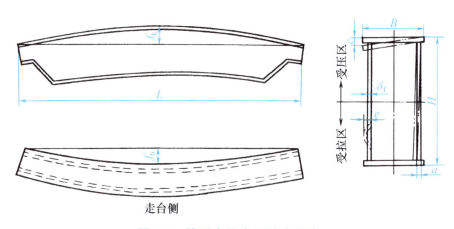

走台侧

图 8-4 箱形主梁主要技术要求

主梁应满足一定的上拱要求，其上拱度 $f_k = L/1000 \sim L/700$（L 为主梁的跨度）。

为了补偿焊接走台时的变形，主梁向走台一侧应有一定的旁弯 $f_b = L/2000 \sim L/1500$。

主梁腹板的波浪变形除对刚度、强度和稳定性有影响外，也影响表面质量，所以对波浪变形要加以限制，以测量长度 1m 计，腹板波浪变形 e 在受压区 $e <$

$1.2\delta_f$；主梁翼板和腹板的倾斜会使梁产生扭曲变形，影响小车的运行和梁的承载能力，因此，一般要求上翼板水平度 $c \leqslant B/250$；腹板垂直度 $a \leqslant H/200$；另外，各肋板之间距离公差应在 ±5mm 范围之内。

（2）端梁　端梁是桥式起重机桥架组成部分之一，一般采用箱形结构，并在水平面内与主梁刚性连接，端梁按受载情况可分为下述两类：

1）端梁受有主梁的最大支承压力，即端梁上作用有垂直载荷。结构特点是大车车轮安装在端梁的两端部，如图 8-5a 所示。此类端梁应计算弯矩，弯矩的最大截面是在与主梁连接处 A—A、支承截面 B—B 和安装接头螺孔削弱的截面。

2）端梁没有垂直载荷，结构特点是车轮或车轮的平衡体直接安装在主梁端部，如图8-5b 所示。此类端梁只起联系主梁的作用，它在垂直平面几乎不受力，在水平面内仍属刚性连接并受弯矩的作用。

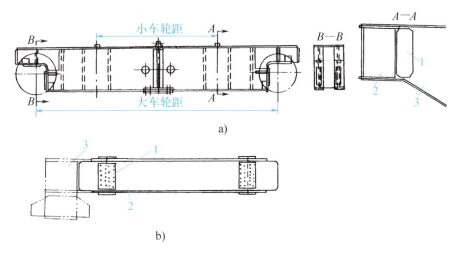

图 8-5　端梁的两种结构型式

1—连接板　2—端梁　3—主梁

依据桥架宽度和运输条件，在端梁上设置一个或两个安装接头（图 8-5b 中为两个接头），即将端梁分成两段或三段，安装接头目前都采用高强螺栓连接板。对端梁的主要技术要求是：

盖板水平倾斜 $b \leqslant B/250$（B 为盖板宽度）。

腹板垂直偏斜 $h \leqslant H/250$（H 为腹板高度）。

同时对两端的弯板有特殊要求，端梁两端弯板（图 8-6a）是安装角型轴承箱及走轮的，大车轮、轴和轴承等零部件装在角型轴承箱内，然后用螺栓紧固在端梁的弯板上，弯板压制成 90° 焊接在腹板上。角型轴承箱两直角面及止口板均经过机械加工，而弯板是非加工面。
如弯板直角偏大，则安装角型轴承
箱止口板与弯板的间隙大，需加垫
片调整，这样既费事，又难以保证
质量，因而通常要求弯板直角偏差
折合最外端间隙不大于 1.5mm，同
时，为保证桥架受力均匀和行走平
稳，应控制同一端梁两端弯板高低

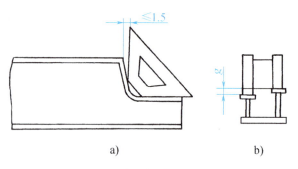

图 8-6　对端梁弯板的要求

差≤5mm，并且要求同一车轮两弯板高低差 $g \leqslant 2mm$，如图8-6b所示。

（3）小车轨道　起重机轨道有 4 种：方钢、铁路钢轨、重型钢轨和特殊钢
轨。中小型起重机采用方钢和轻型铁路钢轨；重型起重机采用重轨和特殊钢轨。
中轨箱形梁桥架的小车轨道安放在主梁上翼板的中部，轨道多采用压板固定在桥
架上，如图 8-7 所示。

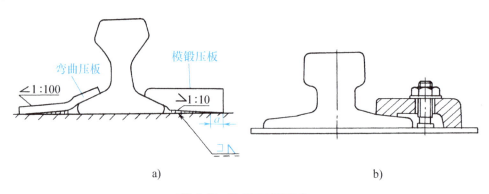

a)　　　　　　　　　　　　　b)

图 8-7　轨道压板形式

a）焊接压板　b）螺栓压板

（$a = 10mm$，无斜度）

　　为保证小车正常运行和桥架承载的需要，小
车轨道安装时应满足以下主要要求：对同截面小
车两轨道的高低差 c 有一定限制，一般当轨距
$T \leqslant 2.5m$ 时，$c \leqslant 3mm$；轨距 $T > 2.5m$ 时，$c \leqslant$
5mm，如图 8-8 所示。同时，两轨道应相互平
行，轨距偏差为±5mm。小车轨道的局部弯曲也
有限制，一般在任意2m范围内不大于1mm。

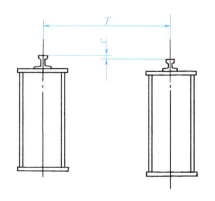

图 8-8　同一截面小车两轨道高低差

二、主梁及端梁的制造工艺

1. 主梁制造工艺要点

（1）板件的拼接　桥式起重机桥架主梁长度一般为10~40m，腹板与上下翼板要用多块钢板拼接而成。钢板的拼接分为纵向焊缝和横向焊缝的拼接，一般是先焊纵向焊缝，然后再进行横向焊缝的拼接。对于一般小吨位的起重机，上下翼板的宽度和腹板的高度如果不超过1.8m，基本不存在纵向焊缝的拼接，只有横焊缝的拼接。主梁上下翼板和腹板的焊缝要求全熔透，根据国家标准要求对受拉区进行射线或者超声波探伤，主梁受拉区的翼板、腹板对接焊缝质量应达到GB/T 3323—2005中射线探伤二级焊缝或者NB/T 47130—2015中规定的超声探伤一级焊缝。

为了保证梁的承载能力，板件的拼接还要考虑上下翼板、腹板、肋板之间焊缝的关系。上下翼板和腹板对接焊缝的错开距离不得小于200mm，所有大肋板的布置与腹板对接焊缝错开200mm。

因为拼接要求熔透，如果采用焊条电弧焊或者气体保护焊，当板厚$\delta>6mm$时就要开坡口；对于埋弧焊，板厚$\delta>10mm$时就需要开坡口。焊接方法可以采用焊条电弧焊、气体保护焊和埋弧焊，可以采用双面焊或者单面焊双面成形。对接焊缝的焊接应该按照工厂的工艺规程进行。目前，用于钢板的对接大多采用单面焊双面成形埋弧焊的方法。

（2）肋板的制造　长肋板中间一般开有减轻孔，可用整料或零料拼接制成；短肋板用整料制成。由于肋板尺寸影响到装配质量，要求其宽度尺寸误差不能大，只能小于1mm左右；长度尺寸允许有稍大一些的误差。肋板的四个角应保证90°，尤其是肋板与上盖板接触处的两个角更应严格保证直角，这样才能保证箱形梁在装配后腹板与上盖板垂直，并且使箱形梁在长度方向不会产生扭曲变形。

（3）腹板上拱度的制备　考虑支梁的自重和焊接变形的影响，为满足技术规定的主梁上挠要求，腹板应预制出数值大于技术要求的上挠度，具体可根据生产条件和所用的工艺程序等因素来确定，一般跨中上挠度的

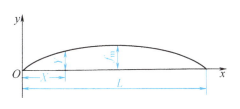

图8-9　预制腹板上挠曲线

预制值f_m可取（1/450~1/350）L。目前，上挠曲线主要有二次抛物线、正弦曲线以及四次函数曲线等，如图8-9所示。

距主梁端部距离为任意一点的上挠度值：

1）二次抛物线上挠计算：$\qquad Y = 4f_m X(L-X)/L^2 \qquad$ (8-1)

2）正弦曲线上挠计算：$\qquad Y = f_m \sin 180° X/L \qquad$ (8-2)

3）四次函数曲线上挠计算：$\qquad Y = 16f_m [X(L-X)/L^2]^2 \qquad$ (8-3)

国内起重机制造一般采用二次抛物线上挠计算法，此法与正弦曲线上拱计算法的共同问题是端头起挠太快。生产中，开始几点的上拱计算值必须加以修整，以减缓拱度。采用四次函数做上挠曲线，是取在移动载荷与自重载荷作用下梁下挠曲线的相反值，端头起挠较为平缓，故称为理想挠度曲线。

腹板上拱度的制备方法多采用先划线后气割，切出具有相应的曲线形状，在专业生产时，也可采用靠模气割。图8-10为靠模气割示意图，气割小车1由电动机驱动，四个滚轮4沿小车导轨3做直线运动，运动速度为气割速度，且可调节。小车上装有可做横向自由移动的横向导杆7，导杆的一端装有靠模滚轮6沿着靠模5移动。靠模制成与腹板上拱曲线相同形状的导轨，导杆上装有两个可调节的割嘴2，割嘴间的距离应等于腹板的高度加割缝宽度。当小车沿导轨运动时，就能割出与靠模上拱曲线一致的腹板。

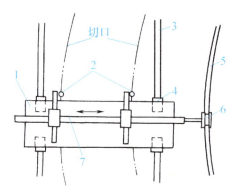

图 8-10　腹板靠模气割示意图

1—气割小车　2—割嘴　3—小车导轨
4—滚轮　5—靠模　6—靠模滚轮
7—横向导杆

（4）装焊Π形梁　Π形梁由上翼板、腹板和肋板组成，组装定位焊有机械夹具组装和平台组装两种，目前以上翼板为基准的平台组装应用较广。装配时，先在上翼板用划线定位的方法装配肋板，用90°角尺检验垂直度后进行定位焊，为减小梁的下挠变形，装好肋板后应进行肋板与上翼板焊缝的焊接。如翼板未预制旁弯，焊接方向应由内侧向外侧进行，如图8-11a所示，以满足一定旁弯的要求；如翼板预制有旁弯，则方向应如图8-11b所示，以控制变形。

组装腹板时，首先要求在上翼板和腹板上分别划出跨度中心线，然后用吊车将腹板吊起与翼板、肋板组装，使腹板的跨度中心线对准上翼板的跨度中心线，然后在跨中点定位焊。腹板上边用安全卡1将腹板临时紧固到长肋板上，可在翼板底下打楔子使上翼板与腹板靠紧，通过平台孔安放沟槽限位板3，斜放压杆2，如图8-12所示，并注意压杆要放在肋板处。当压下压杆时，压杆产生的水平力使下部腹板靠严肋板。

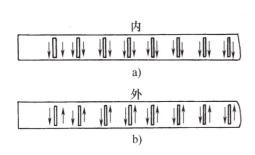

图 8-11　肋板焊接方向

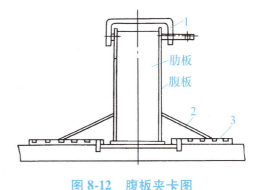

图 8-12　腹板夹卡图

1—安全卡　2—斜放压杆　3—限位板

为了使上部腹板与肋板靠紧，可用专用夹具式腹板装配胎夹紧。由跨中组装后定位焊至腹板一端，然后用垫块垫好，如图 8-13 所示，再装配定位焊另一端腹板。

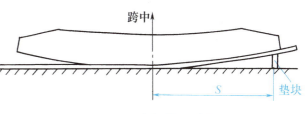

图 8-13　腹板装配过程

腹板装好后，即应进行肋板与腹板的焊接。焊前应检查变形情况以确定焊接次序。如旁弯过大，应先焊外腹板焊缝；如旁弯不足，应先焊内腹板焊缝。对 Π 形梁内壁所有焊缝，尽可能采用 CO_2 气体保护焊，以减小变形，提高生产效率。为使 Π 形梁的弯曲变形均匀，应沿梁的长度由偶数焊工对称施焊。

（5）下翼板的装配　下翼板的装配关系到主梁最后成形质量。装配时，先在下翼板上划出腹板的位置线，将 Π 形梁吊装在下翼板上，

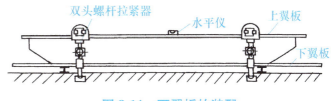

图 8-14　下翼板的装配

两端用双头螺杆将其压紧固定，如图 8-14 所示。然后用水平仪和线锤检验梁中部和两端的水平度、垂直度及拱度，如有倾斜或扭曲时，用双头螺杆单边拉紧。下翼板与腹板的间隙应不大于 1mm，定位焊时应从中间向两端两面同时进行。主梁两端弯头处的下翼板可借助起重机的拉力进行装配定位焊。

（6）主梁纵缝的焊接　主梁有四条纵缝，目前国内主要采用以下几种焊接方式：

1）埋弧焊或气体保护焊的船形位置焊。这种焊接方式比较普遍，用垫架将箱型梁需要焊接的焊缝摆放为45°位置，这样焊缝成形较好。准备两个或两个以上的垫架，梁是固定在垫架上，可以在工作台上放置埋弧焊机或者气体保护焊机的行走机构，平台上设置行走机构的轨道或者导向板，沿着焊缝进行焊接，如图8-15a所示；也可以将气体保护焊机的送丝机构放在主梁上，用自动焊小车通过支撑滚轮放在腹板上，沿着焊缝进行焊接，如图8-15b所示，这种方式与前一种方式相比，焊接上翼板和腹板之间的焊缝时，遇到拱度的变化不用调整行走位置。

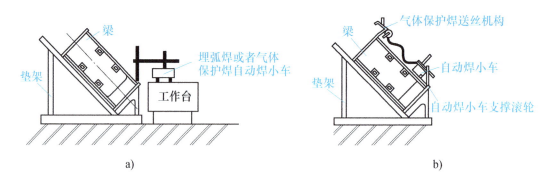

a)   b)

图 8-15   埋弧焊或气体保护焊的船形位置焊

a）自动焊小车放在单独工作台上   b）自动焊小车放在梁上

2）固定式气体保护焊或者埋弧焊。采用这种方式焊接时，可以采用两台焊机同时焊接，如图8-16所示，不但效率高，而且其焊接变形小于船形焊。这种方式焊接时，工件或者焊机可以移动，根据装梁完成时的拱度选择

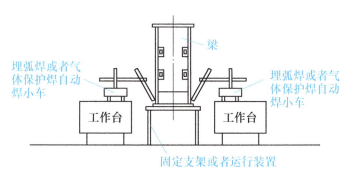

图 8-16   固定式气体保护焊或者埋弧焊焊接

先焊接上翼板与腹板间焊缝或者下翼板与腹板之间的焊缝。如果拱度低于标准值，可以先焊接下翼板与腹板之间的两条焊缝；当拱度高于标准值时，应先焊接上翼板和腹板之间的焊缝，调节梁下面垫块的位置来控制梁的拱度变形。

（7）主梁的矫正   箱形主梁装焊完毕后应进行检查，如果变形超过了规定值，应根据变形情况，可采用火焰矫正法选择好加热的部位与加热方式进行矫正。

2. 端梁的制造工艺要点

端梁一般都焊成箱形结构。生产中，一般将端梁焊接成整体后再从安装接头部割开制成装配接头。装配接头可采用连接板连接或角钢连接两种形式。考虑到端梁与主梁连接焊缝均在端梁内侧，因此在组装焊接端梁时应注意各焊缝的方向与顺序，使端梁与主梁装焊前有一定的外弯量。端梁制造的大致工艺过程如下：

（1）备料　包括上、下翼板、腹板、肋板及两端的弯板。弯板采用压制成形，各零件应满足技术规定。

（2）装焊　首先肋板与上翼板装配并焊接，再装配两腹板并进行定位焊，然后装弯板。为保证一端的一组弯板能在同一平面内，可预先在平台上用定位胎将其连成一体。组装弯板后，要用水平尺检查弯板水平度并调节两端弯板的高度公差在规定范围内。接着进行端梁内壁焊缝的焊接，先焊外腹板与肋板、弯板的焊缝，再焊内腹板与肋板、弯板的焊缝，然后装配下翼板并进行定位焊。最后焊接端梁四条纵焊缝，并且下翼板与腹板纵缝应先焊。端梁制好后同样应对主要技术要求进行检查，不符合规定的应进行矫正。

箱型主梁的装配

三、桥架的装配与焊接工艺

桥架组装焊接工艺，包括已制好的主梁与端梁组装焊接、组装焊接走台、组装焊接小车轨道与焊接轨道压板等工序。主梁的外侧焊有走台，主梁腹板上焊有纵向角钢与走台相连。

1. 桥架装焊工艺选择

（1）作业场地的选择　由于户外环境易造成桥架外形尺寸的变化，所以组装应尽量选择在厂房内进行。必须在露天条件下作业时应随时进行测量，以便对尺寸进行修正。

（2）垫架位置的选择　由于自重对主梁拱度有影响，主梁垫架位置应选择在主梁的跨端或接近跨端的位置。起重量较小的桥架在最后测量调整时应尽量垫到端梁处。

（3）桥架组装基准　为使桥架安装车轮后能正常运行，两个端梁上的四组弯板组装时应在同一水平面内，以该水平面为组装调整桥架各部位的基准。为此，可穿过端梁上翼板的吊装孔立 T 形标尺，（图 8-17 所示为一个端梁上的两组弯板），4 个 T 形标尺的下部分别固定到四组弯板上，用水平仪依次测量 4 个 T 形标尺上的测量点并做调整，如果 4 个 T 形标尺的测量点在同一水平面上，则四组弯板即在同一水平面内。

（4）桥架装焊顺序 为减小桥架整体焊接变形，在桥架组装前应焊完所有部件本身的焊缝，不要等到整体组装后再补焊。这是因为部件焊接变形容易控制，又便于翻转，容易施焊，可提高焊缝质量。

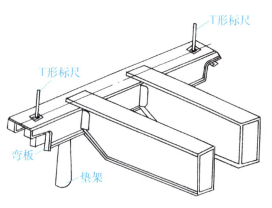

图 8-17 桥架水平基准

2. 桥架组装焊接工艺要点

（1）主、端梁组装焊接 将分别经过阶段验收的两根主梁摆放到垫架上，通过调整，应使两主梁中心线距离、对角线差及水平高低差等均在相应的规定之内。然后，在端梁上翼板划出纵向中心线，用钢直尺将弯板垂直面的位置引到上翼板，与端梁纵向中心线相交得基准点，以基准点为依据划出主梁装配时的纵向中心线，而后将端梁吊起按划线部位与主梁装配，用夹具将端梁固定于主梁的上翼板上，调整端梁应使端梁上翼板两端的 A'、C'、B'、D' 4 点水平度差及对角线 $A'D'$ 与 $B'C'$ 之差在规定的数值内，如图 8-18 所示。同时，穿过吊装孔立 T 形标尺，用水准仪测量调整，保证同一端梁弯板水平面的标高差及跨度方向标高差不超过规定数值，所有这些检查合格后，再进行定位焊。

主梁与端梁采用的焊接连接方式有直板和三角板连接两种，如图 8-19 所示。主要焊缝有主梁与端梁上下翼板焊缝、直板焊缝或三角板焊缝。为减小变形与应力，应先焊上翼板焊缝，然后焊下翼板焊缝，再焊直板或三角板焊缝；先焊外侧焊缝，后焊内侧焊缝。

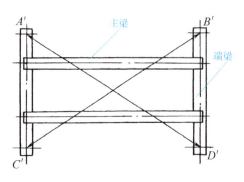

图 8-18 主梁与端梁组装

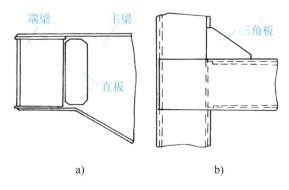

图 8-19 主梁与端梁焊接连接

a）直板连接 b）三角板连接

（2）组装焊接走台　为减小桥架的整体变形，走台的斜撑与连接板（图8-20）要按图样尺寸预先装配焊接成组件，再进行桥架组装焊接。组装时，按图样尺寸划出走台的定位线，走台应与主梁上翼板平行，即具有与主梁一致的上拱曲线。装配横向水平角钢时，用水平尺找正，使外端略高于水平线定位焊于主梁腹板上，然后组装定位焊斜撑组件，再组装定位焊

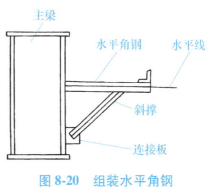

图8-20　组装水平角钢

走台边角钢。走台边角钢应具有与走台相同的上拱度。走台板应在接宽的纵向焊缝完成后进行矫平，然后组装，再用定位焊焊接在走台上。整个走台的焊缝焊接时，为减小应力变形，应选择好焊接顺序，水平外弯大的一侧走台应先焊，走台下部焊缝应先焊。

（3）组装焊接小车轨道　小车轨道用电弧焊方法焊接成整体，焊后磨平焊缝。小车轨道应平直，不得扭曲和有显著的局部弯曲。轨道与桥架组装时，应预先在主梁的上翼板划出轨道位置线，然后装配，再定位焊轨道压板。为使主梁受热均匀，从而使上拱曲线对称，可由多名焊工沿跨度均匀分布、同时焊接。

桥式起重机桥架组装焊接后应全面检测，符合技术要求。

第二节　压力容器的生产工艺

一、压力容器的基本知识

压力容器是能承受一定压力作用的密闭容器，广泛用于石油化工、能源工业、科研和军事工业等方面；在民用工业领域也得到应用，如煤气或液化气罐、各种蓄能器、换热器、分离器以及大型管道工程等。

1. 压力容器的分类

压力容器按其承受压力的高低分为常压容器和压力容器。两种容器无论在设计、制造方面，还是结构、重要性等方面均有较大的差别。按 TSG 21—2016《固定式压力容器安全技术监察规程》的规定，压力容器是指最高工作压力 ≥ 0.1MPa，容积 ≥ 25L，工作介质为气体、液化气体或最高工作温度高于等于标准沸点的液体的容器。压力容器的分类方法很多，在承受等级划分的基础上，综合

压力容器工作介质的危害性（易燃，致毒等程度），可将压力容器分为Ⅰ、Ⅱ和Ⅲ类：

（1）Ⅰ类容器　一般指低压容器（Ⅱ、Ⅲ类规定的除外）。

（2）Ⅱ类容器　属于下列情况之一者：

1）中压容器（Ⅲ类规定的除外）。

2）易燃介质或毒性程度为中度危害介质的低压反应容器和储存容器。

3）毒性程度为极度和高度危害介质的低压容器。

4）低压管壳式余热锅炉。

5）搪瓷玻璃压力容器。

（3）Ⅲ类容器　属于下列情况之一者为Ⅲ类容器：

1）毒性程度为极度和高度危害介质的中压容器和 $pV \geqslant 0.2 \text{MPa} \cdot \text{m}^3$ 的低压容器。

2）易燃或毒性程度为中度危害介质，且 $pV \geqslant 0.5 \text{MPa} \cdot \text{m}^3$ 的中压反应容器或 $pV \geqslant 10 \text{MPa} \cdot \text{m}^3$ 的中压储存容器。

3）高压、中压管壳式余热锅炉。

4）高压容器。

2. 压力容器的结构特点

常见压力容器结构型式有圆柱形、球形和圆锥形三种，如图 8-21 所示。圆柱形和圆锥形容器在结构上大同小异，这里只介绍圆柱形容器的结构特点。

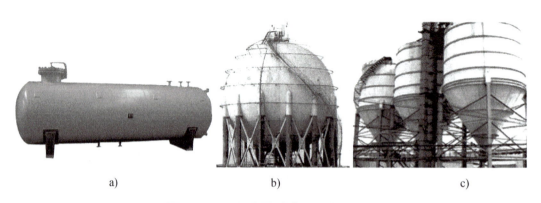

| a) | b) | c) |

图 8-21　压力容器的典型结构型式

a）圆柱形　b）球形　c）圆锥形

（1）筒体　筒体是压力容器最主要的组成部分，由它构成储存物料或完成化学反应所需要的大部分压力空间。当筒体直径较小（小于 500mm）时，可用无缝钢管制作。当直径较大时，筒体一般用钢板卷制或压制（压成两个半圆）后焊接而成。由于该焊缝的方向与筒体的纵向（轴向）一致，称为纵焊缝。当筒体的纵向尺寸大于钢板的宽度时，可由几个筒节拼接而成。由于筒节与筒节或筒体与封头之间的连接焊缝呈环形，称为环焊缝。所有的纵、环焊缝焊接接头，原则上均采用对接接头。

（2）封头 根据 GB/T 25198—2010《压力容器封头》的规定，封头的类型可分为半球形、椭圆形、碟形和球冠形等几种，各种封头的断面形状、类型代号及形式参数见表 8-1。目前，应用最普遍的是椭圆形封头。

表 8-1 各种封头的断面形状、类型代号及形式参数

名称		断面形状	类型代号	形式参数关系
半球形封头			HHA	$D_i = 2R_i$ $D_N = D_i$
椭圆形封头	以内径为基准		EHA	$D_i/2 = 2(H-h)$ $D_N = D_i$
	以外径为基准		EHB	$D_o/2 = 2(H_o-h)$ $D_N = D_o$
碟形封头	以内径为基准		THA	$R_i = 1.0D_i$ $r_i = 0.1D_i$ $D_N = D_i$
	以外径为基准		THB	$R_o = 1.0D_o$ $r_o = 0.1D_o$ $D_N = D_o$

（续）

名称	断面形状	类型代号	形式参数关系
球冠形封头		SDH	$R_i = 1.0D_i$ $D_N = D_o$
平底形封头		FHA	$r_i \geqslant 3\delta_n$ $H = r_i + h$ $D_N = D_i$
锥形封头		CHA30	$r_i \geqslant 0.1D_i$ 且 $r_i \geqslant 3\delta_n$ $\alpha = 30°$ D_N 以 D_i/D_{is} 表示
		CHA45	$r_i \geqslant 0.1D_i$ 且 $r_i \geqslant 3\delta_n$ $\alpha = 45°$ D_N 以 D_i/D_{is} 表示
		CHA60	$r_i \geqslant 0.1D_i$ 且 $r_i \geqslant 3\delta_n$ $r_s \geqslant 0.05D_{is}$ 且 $r_s \geqslant 3\delta_n$ $\alpha = 60°$ D_N 以 D_i/D_{is} 表示

（3）法兰　法兰按其所连接的部分，分为管法兰和容器法兰。用于管道连接和密封的法兰称为管法兰；用于容器顶盖与筒体连接的法兰称为容器法兰。法兰与法兰之间一般加密封元件，并用螺栓联接起来。

（4）开孔与接管　由于工艺要求和检修时的需要，常在某些容器的封头上开设各种孔或安装接管，如人孔、手孔、视镜孔、物料进出接管，以及安装压力表、液位计、流量计、安全阀等接管开孔。

手孔和人孔是用来检查容器的内部并用来装拆和洗涤容器内部的装置。手孔的直径一般不小于150mm。容器直径大于1200mm时应开设人孔。位于筒体上的人孔一般开成椭圆形，净尺寸为 300mm×400mm；封头部位的人孔一般为圆形，直径为 400mm。筒体与封头上开设孔后，开孔部位的强度被削弱，一般应进行补强。

（5）支座与支腿 压力容器靠支座或支腿支承并固定在基础上。随着圆筒形容器的安装位置不同，卧式容器主要采用鞍式支座支承并固定，立式容器一般采用支腿支承并固定容器，如图 8-22 所示。

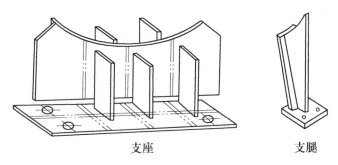

支座　　　　　　　　支腿

图 8-22 支座与支腿结构型式

3. 压力容器制造的技术要求和技术条件

压力容器不仅是工业生产中常用的设备，同时也是一种比较容易发生事故的特殊设备。它与其他生产装置不同，压力容器一旦发生事故，不仅使容器本身遭到破坏，而且往往还诱发一连串的恶性事故，如破坏其他设备和建筑设施，危及人员的生命和健康，污染环境，给国民经济造成重大损失，其结果可能是灾难性的。所以，必须严格控制压力容器的设计、制造、安装、选材、检验和使用监督。目前，我国压力容器的生产厂家大多执行综合性的国家标准 GB 150—2011《压力容器》，内容包括压力容器用钢标准及在不同温度下的许用应力，板、壳元件的设计计算，容器制造技术要求、检验方法与检验标准。为贯彻执行上列基础标准，各部门还制定了各种相关的专业标准和技术条件。

在 GB 150—2011 中对压力容器受压部分的焊缝按其所在的位置分为 A、B、C、D 四类，如图 8-23 所示。

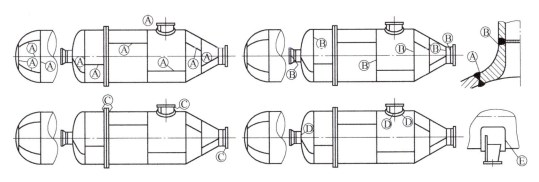

图 8-23 压力容器四类焊缝的位置

（1）A类焊缝　包括圆筒部分的纵向焊缝，球形封头与圆筒连接的环向焊缝，各类凸形封头中的所有拼接焊缝，嵌入式接管与壳体对接连接的焊缝。工艺要求采用双面焊或保证全部焊透的单面焊缝。

（2）B类焊缝　包括壳体部分的环向焊缝，锥形封头小端与接管连接的焊缝，长颈法兰与接管连接的焊缝。工艺要求采用双面焊的对接焊缝或采用带衬垫的单面焊缝。

（3）C类焊缝　包括平盖、管板与圆筒非对接连接的焊缝，法兰与壳体、接管连接的焊缝，内封头与圆筒的搭接接头。工艺要求通常采用角焊缝连接，高压容器和剧毒介质容器应保证全部焊透。

（4）D类焊缝　包括接管、人孔、凸缘等与壳体连接的焊缝。此类接头受力条件差，存在较高的应力集中。因此，工艺要求也应采用全部焊透的焊缝。

对于非受压元件与受压元件的连接焊缝为E类焊缝，如容器鞍座的焊接。

二、中低压压力容器的制造工艺

中低压压力容器结构及制造较为典型，应用也最为广泛。这类容器一般为单层筒形结构，其主要受力元件是封头和筒体。

1. 封头的制造

目前广泛采用冲压成形工艺加工封头。现以椭圆形封头为例说明其制造工艺。

封头制造工艺大致如下：原材料检验→划线→下料→拼缝坡口加工→拼板的装焊→加热→压制成形→二次划线→封头余量切割→热处理→检验→装配。

（1）封头的拼焊　椭圆形封头压制前的坯料是一个圆形，其坯料直径可按公式进行计算。坯料尽可能采用整块钢板，如直径过大，一般采用拼接。这里有两种方法：一种是用两块或由左右对称的三块钢板拼焊，其焊缝必须布置在直径或弦的方向上；另一种是由瓣片和顶圆板拼接制成的，焊缝方向只允许是径向和环向的。径向焊缝之间最小距离应不小于名义厚度δ_n的3倍，且不小于100mm，如图8-24所示。封头拼接焊缝一般采用双面埋弧焊。

（2）封头成形　封头成形有热压和冷压之分。采用热压时，为保证热压质量，必须控制始压和终压温度。低碳钢始压温度一般为1000~1100℃，终压温度为850~750℃。加热的坯料在压制前应清除表面的杂质和氧化皮。封头的压制是在油压机（或水压机）上，用凸凹模一次压制成形，不需要采取特殊措施。

（3）封头的边缘加工　已成形的封头还要对其边缘进行加工，以便于筒体装配。一般应先在平台上划出保证直边高度的加工位置线，用氧气切割割去加工余量，可采用图 8-25 所示的封头余量切割机。此机械装备在切割余量的同时，可通过调整割矩角度直接割出封头边缘的坡口（V 形），经修磨后直接使用；如对坡口精度要求高或其他形式的坡口，一般是将切割后的封头放在立式车床上进行加工，以达到设计图的要求。封头加工完后，应对主要尺寸进行检查，合格后才可与筒体装配焊接。

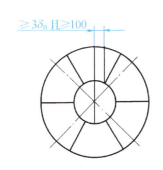

图 8-24　封头拼接焊缝位置

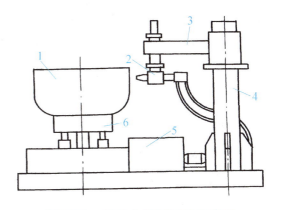

图 8-25　封头余量切割机示意图

1—封头　2—割炬　3—悬臂　4—立柱
5—传动系统　6—支座

2. 筒节的制造

筒节的制造的一般过程为：原材料检验→划线→下料→边缘加工→卷制→纵缝装配→纵缝焊接→焊缝检验→矫圆→复检尺寸→装配。

（1）筒节的划线与下料　筒节一般在卷板机上卷制而成，由于筒节的内径比壁厚要大许多倍，所以，筒节下料的展开长度 L，可用筒节的平均直径 D_p 来计算，即

$$L = 2\pi D_p$$

$$D_p = D_g + \delta$$

式中　D_g——筒节的内径；

δ——筒节的壁厚。

筒节可采用剪切或半自动切割下料，下料前先划线，包括切割位置线、边缘加工线、孔洞中心线及位置线等，其中管孔中心线距纵缝及环缝边缘的距离不小于管孔直径的 0.8 倍，并打上样冲标记，图 8-26 所示为筒节的划线示意图。这里需注意，筒节的展开方向应与钢板轧制的纤维方向一致，最大夹角也应小于 45°。

（2）筒节的成形 中低压压力容器的筒节可在三辊或四辊卷板机上冷卷而成，卷制过程中要经常用样板检查曲率，卷圆后其纵缝处的棱角、径向、纵向错边量应符合技术要求。

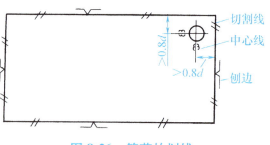

图 8-26 筒节的划线

（3）筒节的焊接 筒节卷制好后，在进行纵缝焊接前应先进行纵缝的装配，主要是采用杠杆—螺旋拉紧器、柱形拉紧器等各种工装夹具来消除卷制后出现的质量问题，满足纵缝对接时的装配技术要求，保证焊接质量。装配好后即进行定位焊。筒节的纵缝、环缝坡口是在卷制前就加工好的，焊前应注意坡口两侧的清理。

筒节纵缝焊接的质量要求较高，一般采用双面焊，顺序是先里后外。纵缝焊接时，一般都应做产品的焊接试板；同时，由于焊缝引弧处和引出处的质量不好，故焊前应在纵向焊缝的两端装上引弧板和引出板，图 8-27 所示为筒节两端装上引弧板、焊接试板和引出板的情况。筒节纵缝焊接完后还须按要求进行无损检验，再经矫圆，满足圆度的要求后才送入装配。

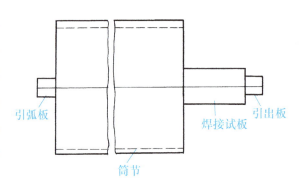

图 8-27 引弧板、焊接试板和引出板与筒节的组装情况

3. 容器的装配工艺

容器的装配是指各零部件间的装配，其接管、人孔、法兰、支座等的装配较为简单，下面主要分析筒节与筒节以及封头与筒节之间的环缝装配工艺。

（1）筒节的装配 筒节与筒节之间的环缝装配要比纵缝装配困难得多，其装配方法有立装和卧装两种。

1）立装适合于直径较大而长度不太长的容器，一般在装配平台或车间地面上进行。装配时，先将一筒节吊放在平台上，然后再将另一筒节吊装其上，调整间隙后，即沿四周定位焊，依相同的方法再吊装上其他筒节。

2）卧装一般适合于直径较小而长度较长的容器。卧装多在滚轮架或 V 形铁上进行。先把将要组装的筒节置于滚轮架上，将另一筒节放置于小车式滚轮架上，移动辅助夹具使筒节靠近，端面对齐。当两筒节连接可靠，将小车式滚轮架上的筒节推向滚轮架上，再装配下一筒节。

筒节与筒节装配前，可先测量周长，再根据测量尺寸采用选配法进行装配，以减小错边量；或在筒节两端内使用径向推撑器，把筒节两端整圆后再进行装配。另外，相邻筒节的纵向焊缝应错开一定的距离，其值在周围方向应大于筒节壁厚的 3 倍以上，并且不应小于 100mm。

筒体与封头的装配

（2）封头与筒体的装配　封头与筒体的装配也可采用立装和卧装，当封头上无孔洞时，也可先在封头外临时焊上起吊用吊耳（吊耳与封头材质相同），便于封头的吊装。立装与前面所述筒节之间的立装相同；卧装时如是小批量生产，一般采用手工装配方法，如图 8-28 所示。装配时，在滚轮架上放置筒体，并使筒体端面伸出滚轮架外 400~500mm 以上，用起重机吊起封头，送至筒体端部，相互对准后横跨焊缝焊接一些刚性不太大的小板，以便固定封头与筒体间的相互位置。移去起重机后，用螺旋压板等将环向焊缝逐段对

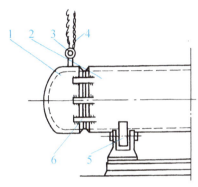

图 8-28　封头简易装配法

1—封头　2—筒体　3—吊耳　4—吊钩
5—滚轮架　6—Π 形马

准到适合的焊接位置，再用"Π 形马"横跨焊缝用定位焊固定。批量生产时，一般是采用专门的封头装配台来完成封头与筒体的装配。封头与筒体组装时，封头拼接焊缝与相邻筒节的纵焊缝也应错开一定的距离。

4. 容器的焊接

（1）筒体环缝与纵缝的焊接　容器环缝的焊接一般采用双面焊。采用在焊剂垫上进行双面埋弧焊时，经常使用的环缝焊剂垫有带式焊剂垫和圆盘焊剂垫两种。带式焊剂垫（图 8-29a）是在两轴之间的一条连续带上放有焊剂，容器直接放在焊剂垫上，靠容器自重与焊剂贴紧，焊剂靠容器转动时的摩擦力带动一起转动，焊接时需要不断添加焊剂。圆盘式焊剂垫是一个可以转动的圆盘装满焊剂放在容器下边，圆盘与水平面成 15°角，焊剂紧压在工件与圆盘之间，环缝位于圆盘最高位置，焊接时容器旋转带动圆盘随之转动，使焊剂不断进入焊接部位，如图 8-29b 所示。

容器环缝焊接时，可采用各种焊接操作机进行内外缝的焊接，但在焊接容器

最后一条环缝时，只能采用手工封底或带垫板的单面埋弧焊。

（2）其他部件的焊接 容器的其他部件，如人孔、接管、法兰、支座等，一般采用焊条电弧焊焊接。容器焊接完以后，还必须用各种方法进行检验，以确定焊缝质量是否合格。对于力学性能试验、金相分析、化学分析等破坏性试验，是用于对产品焊接试板的检验；而对容器本身的焊缝则应进行外观检查、各种无损检验、耐压及致密性试验等。凡检验出超过规定的焊接缺陷，都应进行返修，直到重新检验后确认缺陷已全部清除才算返修合格（焊缝质量检验与返修的各项规定可参看 GB 150—2011 有关内容）。

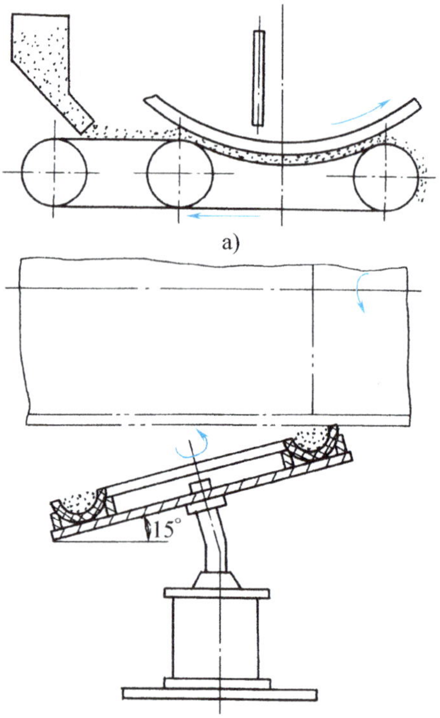

三、高压容器的制造工艺特点

图 8-29 焊剂垫形式

高压容器大体上分为单层和多层结构两大类，单层结构制造工艺比较简单，应用较广，如电站锅炉的锅筒就是如此。

单层结构容器的制造过程与前面所述的中低压单层容器大致相同，只是在成形和焊接方法的选取等方面有所不同。单层高压容器由于壁较厚，筒节一般采用热弯卷加热矫正成形。由于加热时产生的氧化皮危害较严重，会使钢板内外表面产生麻点和压坑，所以加热前需涂上一层耐高温、抗氧化的涂料，防止卷板时产生缺陷；同时热卷时，钢板在辊筒的压力下会使厚度减小，减薄量为原厚度的 5%～6%，而长度略有增加，因此下料尺寸必须严格控制。始卷温度和终卷温度视材质而定。筒节纵缝可采用开坡口的多层多道埋弧焊，但如果壁厚太大（$\delta >$ 50mm），采用埋弧焊则显得工艺复杂，材料消耗大，劳动条件差，这时可采用电渣焊，以简化工艺，降低成本，电渣焊后需进行正火处理。容器环缝多用电渣焊或窄间隙埋弧焊来完成。若采用窄间隙埋弧焊新技术，可在宽 18～22mm，深达 350mm 的坡口内完成每层多道的窄间隙接头。与普通埋弧焊相比，效率大大提高，同时可节约焊接材料。

第三节 船舶结构的焊接工艺

一、船体结构的类型及特点

船舶是一座水上浮动结构物，而作为其主体的船体则由一系列板架相互连接而又相互支持组成的，如图8-30所示。

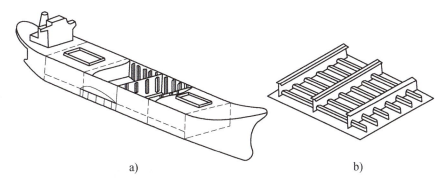

a)   b)

图 8-30　船体结构的组成及其板架简图

a）船体结构简图　b）板架结构简图

1. 船舶板架结构的类型及使用范围

船体板架结构可分为纵向骨架式、横向骨架式及混合骨架式3种，其特征和使用范围见表8-2。

表 8-2　船体板架结构的类型及特征

板架类型	结 构 特 征	使 用 范 围
纵向骨架式	板架中纵向（船长方向）构件较密、间距较小，而横向（船宽方向）构件较稀、间距较大	大型油船的船体；大中型货船的甲板和船底；军用船舶的船体
横向骨架式	板架中横向构件较密、间距较小，而纵向构件较稀、间距较大	小型船舶的船体，中型船舶的弦侧、甲板，民船的首尾部
混合骨架式	板架中纵、横向构件的密度和间距相差不多	除特种船舶外，很少使用

2. 船体结构的特点

船体结构与其他焊接结构相比，具有以下特点：

（1）零部件数量多　1艘万吨级货船的船体，其零部件数量在20000个以上。

（2）结构复杂、刚性大　船体中纵、横构架相互交叉又相互连接，使整个船体成为一个刚性的焊接结构。一旦某一焊缝或结构不连续处衍生微小的裂纹，就会快速地扩展到相邻构件，造成部分结构乃至整个船体发生破坏。

（3）钢材的加工量和焊接工作量大　各类船舶的船体结构质量和焊缝长度列于表8-3，焊接工时一般占船体建造总工时的30%～40%。因此，设计时要考虑结构的工艺性，同时也要考虑采用高效焊接的可能性，并尽量减少焊缝的长度。

表8-3　各类船舶的船体钢材质量和焊缝长度

项目 船种	载质量 /t	主尺度/m			船体钢材 质量/t	焊缝长度/km		
		长	宽	深		对接	角接	合计
油　船	88000	226	39.4	18.7	13200	28.0	318.0	346.0
油　船	153000	268	53.6	20.0	21900	48.0	437.0	485.0
汽车运输船	16000	210	32.2	27.0	13000	38.0	430.0	468.0
集装箱船	27000	204	31.2	18.9	11100	28.0	331.0	359.0
散装货船	63000	211	31.8	18.4	9700	22.0	258.0	280.0

（4）使用的钢材品种少　各类船舶所使用的钢材见表8-4。

表8-4　各类船舶使用的钢材种类

船舶类型	使用钢种	备注
一般中小型船舶	船用碳素钢	
大中型船舶、集装箱船和油船	船用碳素钢 $R_{eL}=320\sim400MPa$ 船用高强度钢	用于高应力区构件
化学药品船	船用碳素钢和高强度钢 奥氏体不锈钢、双相不锈钢	用于货舱
液化气船	船用碳素钢和高强度钢，低合金高强度钢 0.5Ni、3.5Ni、5Ni和9Ni钢， 36Ni，2Al2铝合金	用于全压式液罐、半冷半压和全冷式液罐和液舱

二、船舶结构焊接的基本原则

船体结构庞大，需要分段进行焊接。所谓焊接顺序就是减小结构变形，降低焊接残余应力，并使其分布合理、按一定次序进行的过程。船体结构焊接顺序的基本原则如下。

1）船体外板、甲板的拼缝，一般应先焊横向焊缝（短焊缝），然后焊纵向焊缝（长焊缝），如图 8-31 所示，对具有中心线且左右对称的构件，应左右对称地进行焊接，避免构件中心线产生移位。

2）对接焊缝和角焊缝同时存在，应先焊对接焊缝，后焊角焊缝。立焊缝和平焊缝同时存在时，应先焊立焊缝后焊平焊缝。所有焊缝应采取由中间向左右，由下往上的焊接顺序。

3）凡靠近总段和分段合拢处的板缝和角焊缝应留出 200～300mm，暂时不焊，以利于船台装配对接，待分段、总段合拢后再进行焊接。

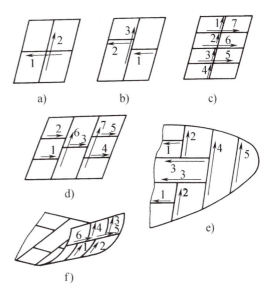

图 8-31　拼板接缝的焊接顺序

4）焊条电弧焊时，焊缝长度小于 1000mm 时，可采用直通焊；焊缝长度大于 1000mm 时，采用分段退焊法。

5）在结构中同时存在厚板与薄板构件时，先将收缩量大的厚板进行多层焊，后将薄板进行单层焊。多层焊时，各层的焊接方向最好相反，各层焊缝的接头应相互错开。

6）刚度大的焊缝，如立体分段的对接焊缝，焊接过程不应间断，应力求迅速连续完成。

7）分段接头呈 T 形和十字形交叉时，对接焊缝的焊接顺序是：T 字形对接焊缝可采用直接先焊好横焊缝（立焊），后焊纵焊缝（横焊），如图 8-32a 所示。也可以采用图 8-32b 所示的顺序，先在交叉处各留出 200～300mm，留在最后焊接，这可防止在交叉部位由于应力过大而产生裂纹。同样，十字形对接焊缝的焊接顺序如图 8-32c 所示，横焊缝错开的 T 字形交叉焊缝的焊接顺序如图 8-32d 所示。

8）船台大合拢时，先焊接总段中未焊接的外板、内底板、舷侧板和甲板等的纵焊缝，同时焊接靠近大接头处的纵横构架的对接焊缝，然后焊接大接头环形对接焊缝，最后焊接构架与船体外板的连接角焊缝。

三、整体造船中的焊接工艺

整体造船法只有在起重能力小、不能采用分段造船法和中小型船厂才使用，一般适用于吨位不大的船舶。

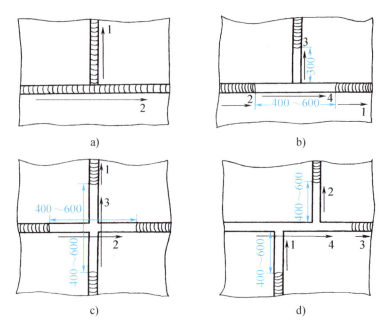

图 8-32 T 字形、十字形交叉对接焊缝的焊接顺序示意图

整体造船法，就是直接在船台上由下至上、由里至外先铺全船的龙骨底板，然后在龙骨底板上架设全船的肋骨框架、舱壁等纵横构架，最后将船板、甲板等安装于构架上，待全部装配工作基本完毕后，才进行主船体结构的焊接工作。这种整体造船法的焊接工艺是：

1）先焊纵横构架对接焊缝，再焊船壳板及甲板的对接焊缝，最后焊接构架与船壳板及甲板的连接角焊缝。前两者也可同时进行。

2）船壳板的对接焊缝应先焊船内一面，然后外面炭弧气刨刨槽封底焊。甲板对接焊缝可先焊船内一面（仰焊），反面刨槽进行平对接封底焊或采用埋弧焊。也可以采用外面先焊平对接，船内刨槽仰焊封底。两种方法各有利弊，一般采用后者较多，因后者容易保证焊接质量，减轻劳动强度。或者直接采用先进的单面焊双面成形工艺（包括焊条电弧焊和 CO_2 气体保护焊）。

3）按船体结构焊接顺序的基本原则要求，船壳板及甲板对接焊缝的焊接顺序是：若是交叉接缝，先焊横缝（立焊），后焊纵缝（横焊）；若是平列接缝，则应先焊纵缝，后焊横缝。

4）船板缝的焊接顺序应待纵横焊缝焊完后，再焊船柱与船壳板的接缝。

5）所有焊缝均采用由船中向左右、由下往上焊接，以减少焊接变形和应力，保证建造质量。

四、分段造船中的焊接工艺

目前在建造大型船舶时，都是采用分段造船法。它可分为平面分段、半立体分段和立体分段三种。平面分段包括隔舱、甲板、舷侧分段等；立体分段包括双重底、边水舱等；半立体分段介于二者之间，如甲板带舱部、舱部带隔舱、甲板带围壁及上层建筑等。下面介绍几种典型分段的焊接工艺。

1. 甲板分段的焊接工艺

甲板分段是典型的平面分段，由上甲板、大小横梁、顶镦组件、大肋板等组成。通常以上甲板为基准面反造。其制造工艺流程如图 8-33 所示。

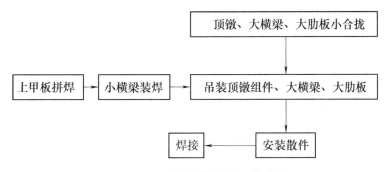

图 8-33　甲板分段制造工艺流程

（1）甲板分段的装配顺序　甲板分段的安装顺序如图 8-34 所示。图中上支座③是顶镦隔板，上支座④是顶镦垂直板，上支座⑤、⑥是大肋板。

（2）甲板拼板的焊接甲板是具有船体中心线的平面板材构件，虽具有较小的

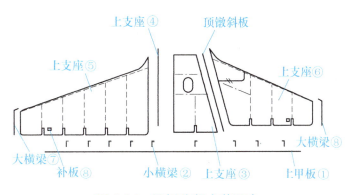

图 8-34　甲板分段安装顺序

曲形（一般为船宽的 1/100～1/50 梁拱），但可在平台上进行装配焊接，焊接顺序可与一般拼板接缝顺序相同。确定焊接顺序时，应保证在船体中心线左右对称地进行。其对接缝可用三丝 FCB 法焊接工艺；有拱度上甲板的装配和焊接采用双面自动埋弧焊工艺。

（3）顶镦组件、大横梁、大肋板小合拢　顶镦组件和大肋板的对接焊缝应先焊接。顶镦组件和大肋板的对接缝可用单丝双面自动埋弧焊工艺，若板较厚，也可以用双丝双面自动埋弧焊工艺。

（4）甲板分段的焊接　将焊后的甲板吊放在胎架上，为了保证甲板分段的梁拱和减小焊接变形，将甲板与胎架应间隔一定距离进行定位焊。按构架位置划好线后，将全部构件（横梁、纵桁、纵骨）用定位焊装配在甲板上，并用支承加强，以防构件焊后产生角变形。焊接顺序应按下列工艺进行：

1）先焊构架的对接缝，然后焊构架的角焊缝（立角焊缝）及构架上的肘板，最后焊接构架与甲板的平角焊缝。甲板分段焊接时，应由双数焊工从分段中央开始，逐步向左右及前后方向对称地进行焊接。

2）为了总段或立体分段装配方便，在分段两端的纵桁应有一段约 300mm 暂不焊，待总段装配好后再按装配的实际情况进行焊接。横梁两端应为双面焊，其焊缝长度相当于肘板长度或横梁的高度。

3）在焊接大型船舶时，为了采用埋弧焊或重力焊，加快分段建造周期，提高生产率，可采用分离装配的焊接方法。分段为横向结构时，先装横梁，重力焊焊后再装纵桁，然后再进行全部焊接工作，但对纵向结构设计的分段则相反。也可采用纵横构架单独装焊成整体，然后再和甲板合拢，焊接平角焊缝。

4）焊接小型船舶时，宜采用混合装配法，即纵横构架的装配可以交叉进行，待全部构件装配完成后，再进行焊接，这可减小分段焊后变形。

2. 双层底分段的焊接工艺

双层底分段是由船底板、内底板、肋板、中桁板（中内龙骨）、旁桁材（旁内龙骨）和纵骨组成的小型立体分段。根据双层底分段的结构和钢板的厚度不同，有两种建造方法。一种是以内底板为基面的"倒装法"；另一种是以船底板为基面的"顺装法"。

（1）"倒装法"的装焊工艺

1）在装配平台上铺设内底板，进行装配定位焊，并按图 8-31 所示的顺序进行埋弧焊。

2）在内底板上装配中桁材、旁桁材和纵骨。定位焊后，用重力焊或 CO_2 气体保护焊等方法进行对称

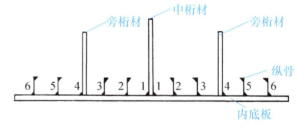

图 8-35　内底板与纵向构件的焊接顺序

平角焊，焊接顺序如图 8-35 所示。或者暂不焊接，等肋板装好一起进行手工平角焊。

3）在内底板上装配肋板，定位焊后，用焊条电弧焊或 CO_2 气体保护焊焊接肋板与中桁材、旁桁材的立角焊，其焊接顺序如图 8-36 所示。然后焊接肋板与纵骨的角焊缝，焊接顺序的原则是由中间向四周；由双数焊工（图为 4 名焊工）对称进行；立角焊长度大于 1m 时，要分段退焊，即先上后下地焊接。

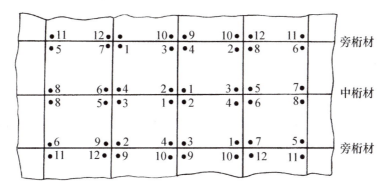

图 8-36　内底板分段立角焊的焊接顺序

4）焊接肋板、中桁材、旁桁材与内底板的平角焊，焊接顺序如图 8-37 所示。

5）在肋板上装纵骨构架，并做好铺设船底板的一切准备工作。

6）在内底构架上装配船底板，定位焊后，焊接船底板对接内缝（仰焊），内缝焊毕，外缝采用炭弧气刨清根封底焊（尽可能采用埋弧焊）。但有时为了减轻劳动强度，也可采用先焊外缝，翻身后炭弧气刨清根再焊内缝（两面都是平焊），或采用单面焊双面成形的方法，焊接顺序如图 8-38 所示。

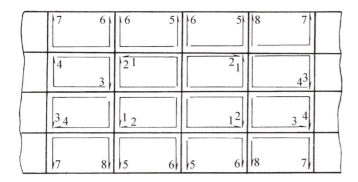

图 8-37　内底板分段平角焊的焊接顺序

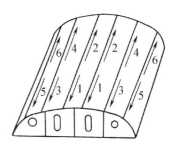

图 8-38　船底板对接焊的
焊接顺序

7）为了总段装配方便，只焊船底板与内底板的内侧角焊缝，外侧角焊缝待总段总装后再焊。

8）分段翻身，焊接船底板的内缝封底焊（原来先焊外缝），然后焊接船底板与肋板、中桁材、旁桁材、纵骨的角焊缝，其焊接顺序参照图 8-37 所示。

"倒装法"的优点是工作比较简便，直接可铺在平台上，减少胎架的安装，节省胎架的材料和缩短分段建造周期。缺点是变形较大，船体线型较差。对于结构强、板厚的或单一生产的船舶，多采用"倒装法"建造。

（2）"顺装法"的装焊工艺

1）在胎架上装配船底板，并用定位焊将它与胎架固定，再用炭弧气刨刨坡口（若预先刨好坡口就不用该工序），用焊条电弧焊焊接船底板内侧对接焊缝。如果船底板比较平直，也可采用焊条电弧焊打底埋弧焊盖面，如图8-39所示。

2）在船底板上装配中桁材、旁桁材、船底纵骨，定位焊后，用自动角焊机或重力焊、CO_2气体保护焊等方法进行船底板与纵向构件角焊缝的焊接，如图8-40所示。

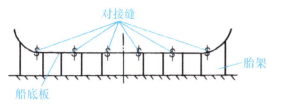

图8-39 船底板在胎架上进行对接焊缝焊接　　图8-40 船底板与纵向构件角焊缝的焊接

3）在船底板上装配肋板，定位焊后，先焊肋板与中桁板、旁桁板、船底纵骨的立角焊，然后再焊接肋板与船底板的平角焊缝，如图8-41所示。

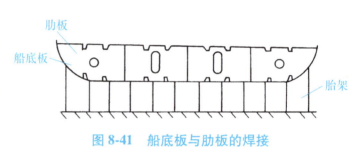

图8-41 船底板与肋板的焊接

4）在平台上装配焊接内底板，对接缝采用埋弧焊。焊完正面焊缝后翻身，并进行反面焊缝的焊接。

5）在内底板上装配纵骨，并用自动角焊机或重力焊进行纵骨与内底板的平角焊缝。

6）将内底板平面分段吊装到船底构架上，并用定位焊将它与船底构架、船底板固定，如图8-42所示。

7）将双层底分段吊离胎架，并翻身后焊接内底板与中桁材、

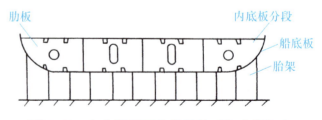

图8-42 内底板平面分段吊装到船底构架上

旁桁材、船底板的平角焊缝以及焊接船底板对接焊缝的封底焊。

"顺装法"的优点是安装方便，变形小，能保证底板有正确的外形。缺点是在胎架上安装，成本高，不经济。

3. 平面分段总装成总段的焊接工艺

在建造大型船舶时，先在平台上装配焊接成平面分段，然后在船台上或车间内分片总装成总段，如图 8-43 所示。最后再吊上船台进行总段装焊（大合拢）。平面分段总装成总段的焊接工艺如下：

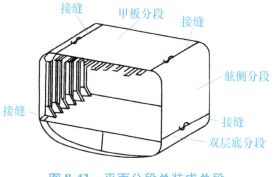

图 8-43　平面分段总装成总段

1）为了减小焊接变形，甲板分段与舷侧分段、舷侧分段与双层底分段之间的对接缝，应采用"马"板加强定位。

2）由双数焊工对称地焊接两侧舷侧外板分段与双层底分段对接缝的内侧焊缝，焊前应根据板厚开设特定坡口。

3）焊接甲板分段与舷侧分段的对接缝。在采用焊条电弧焊时，先在接缝外面开设 V 形坡口，进行平焊，焊完后，内面用碳弧气刨清根，进行焊条电弧焊仰焊封底；也可采用接缝内侧开坡口焊条电弧焊仰焊打底，然后在接缝外面采用埋弧焊；有条件可以直接采用 FAB 衬垫或陶瓷衬垫，使用 CO_2 气体保护焊单面焊双面成形工艺方法。

4）焊接肋骨与双层底分段外板的角接焊缝，焊完后焊接内底板与外底板外侧的角焊缝，以及肘板与内底板的角焊缝。

5）焊接肘板与甲板或横梁间的角焊缝。

6）用碳弧气刨将舷侧分段与双层底分段间的外对接焊缝清根，进行焊条电弧焊封底焊接。

4. 大合拢阶段的焊接工艺

大合拢阶段主要有上甲板对接、内底板对接、外底板对接、舷侧外板对接、下边水舱斜板对接、内部构架对接等焊缝，如图 8-44 所示。图中 1 和 3 分别表示上甲板对接和内底板对接，目前国内大部分船厂使用陶瓷衬垫单面半自动 CO_2 气体保护焊打底、埋弧焊盖面的混合焊工艺。少数船厂使用陶瓷衬垫自动双丝单面 MAG 焊工艺；图 8-44 中 2 表示舷侧外板对接，使用自动垂直气电单面立焊工艺；图中 4 表示下边水舱斜板对接，使用陶瓷衬垫单面半自动 CO_2 气体保护焊打底、半自动 CO_2 气体保护焊盖面的工艺。

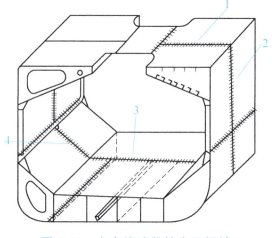

图8-44 大合拢阶段的主要焊缝

双层底分段的装焊工艺

综 合 训 练

一、填空题

1. 桥式起重机的桥架结构由_____、_____、_____、_____及操纵室组成。

2. 桥式起重机桥梁架常见的结构型式有_____、_____、_____以及_____。

3. 起重机轨道有_____、_____、_____和_____。中小型起重机采用_____钢轨；重型起重机采用_____钢轨。

4. 为了保证梁的承载能力，上下翼板和腹板对接焊缝的错开距离不得小于_____，所有大肋板的布置与腹板对接焊缝错开_____。

5. 压力容器有多种结构型式，最常见的结构为_____、_____和锥形三种。

6. 当筒体直径小于_____时，可用无缝钢管制作。当直径较大时，筒体一般用钢板_____后焊接而成。

7. 根据GB/T 25198—2010《压力容器封头》的规定，封头的类型可分为_____、椭圆形、_____和_____等几种，目前，应用最普遍的是_____封头。

8. 法兰分为_____和_____。用于管道连接和密封的法兰称为

_____；用于容器顶盖与筒体连接的法兰称为_____。

9. 随着圆筒形容器的安装位置不同，卧式容器主要采用_____支座支承并固定，立式容器一般采用_____支承并固定容器。

10. 船体板架结构可分为_____、_____及_____三种。

11. 构件中同时存在对接焊缝和角接焊缝时，则应先焊_____，后焊_____。如同时存在立焊缝和平焊缝，则应先焊_____，后焊_____。

12. 在结构中同时存在厚板与薄板构件时，先将收缩量大的厚板进行_____，后将薄板进行_____。

13. 整体造船法中，所有焊缝均采用由_____，由_____，由_____的焊接，以减少_____，保证建造质量。

14. 分段是由两个或两个以上零件装焊而成的部件和零件组合而成。它可分为_____、_____和_____三种。

二、简答题

1. 桥式起重机桥架主梁制造的技术要点有哪些？
2. 桥式起重机桥架端梁制造的技术要点有哪些？
3. 小车轨道制造的技术标准有哪些？
4. 简述主梁制造的工艺要点。
5. 简述腹板靠模气割原理。
6. 简述封头的制造工艺。
7. 简述筒节的制造工艺。
8. 船体结构与其他焊接结构相比具有哪些特点？
9. 船体结构焊接顺序的基本原则是什么？
10. 双层底分段可有哪些建造方法？各有什么特点？

参 考 文 献

[1] 邓洪军. 焊接结构生产 [M]. 3 版. 北京：机械工业出版社，2014.

[2] 张婉云. 焊接结构装焊技术 [M]. 北京：机械工业出版社，2012.

[3] 陈祝年. 焊接工程师手册 [M]. 2 版. 北京：机械工业出版社，2010.

[4] 王国凡. 钢结构焊接制造 [M]. 北京：化学工业出版社，2005.

[5] 邢晓林. 焊接结构生产 [M]. 2 版. 北京：化学工业出版社，2009.

[6] 戴建树，叶克力. 焊接结构零件制造技术 [M]. 北京：机械工业出版社，2010.

[7] 陈裕川. 现代结构制造工艺实用手册 [M]. 北京：机械工业出版社，2012.

[8] 鲍勇祥. 焊接结构生产 [M]. 北京：中国劳动社会保障出版社，2012.

[9] 张应立，周玉华. 焊接结构生产与管理实战手册 [M]. 北京：机械工业出版社，2014.

[10] 李莉. 焊接结构生产 [M]. 北京：机械工业出版社，2014.